土木建筑大类专业系列新形态教材

建筑工程施工组织与管理

朱　平　史艾嘉 □主　编

U0304027

清华大学出版社
北京

内 容 简 介

本书内容包括认知建筑工程施工组织与管理，编制单位工程工程概况及施工准备工作，编制单位工程
施工部署及施工方案，单位工程施工现场总平面布置，编制施工进度计划，编制施工机械、设备材料、劳动
力计划，编制单位工程各项施工措施，编制装配式建筑施工组织设计以及施工管理中 BIM 应用。全书将理
论知识与工程实践的实例结合，突出了工程的实用性，强化了施工管理实践能力的训练，具有内容翔实、深
浅适度、可操作性强、适用面广等特点。

本书既可作为高等职业技术教育土建大类各专业教材，也可作为相关人员的岗位培训教材或工程技
术人员和工程管理人员学习管理知识、进行施工组织管理工作的参考书。

图书在版编目（CIP）数据

建筑工程施工组织与管理 / 朱平，史艾嘉主编 .—北京：清华大学出版社，2022.9
土木建筑大类专业系列新形态教材
ISBN 978-7-302-61596-5

Ⅰ.①建… Ⅱ.①朱… ②史… Ⅲ.①建筑工程－施工组织－高等职业教育－教材 ②建筑工程－施
工管理－高等职业教育－教材 Ⅳ.①TU7

中国版本图书馆 CIP 数据核字（2022）第 144352 号

责任编辑：杜 晓
封面设计：曹 来
责任校对：刘 静
责任印制：沈 露

出版发行：清华大学出版社
　　　　网　　　址：http://www.tup.com.cn，http://www.wqbook.com
　　　　地　　　址：北京清华大学学研大厦 A 座　　　　　　　邮　　编：100084
　　　　社 总 机：010-83470000　　　　　　　　　　　　　　邮　　购：010-62786544
　　　　投稿与读者服务：010-62776969，c-service@tup.tsinghua.edu.cn
　　　　质量反馈：010-62772015，zhiliang@tup.tsinghua.edu.cn
　　　　课件下载：http://www.tup.com.cn，010-83470410
印 装 者：三河市龙大印装有限公司
经　　销：全国新华书店
开　　本：185mm×260mm　　　　印　　张：11.5　　　　字　　数：276 千字
版　　次：2022 年 9 月第 1 版　　　　　　　　　　　　　　　印　　次：2022 年 9 月第 1 次印刷
定　　价：49.00 元

产品编号：097566-01

前　言

　　"建筑工程施工组织与管理"是建筑工程技术、工程造价、工程管理等专业的主要专业课程之一。它是建筑工程项目从开工至竣工整个过程中的重要组织和管理手段,对于提高建设工程项目的质量水平、安全文明施工管理水平、工程进度控制水平和工程建设投资效益等起着重要的保障作用,从而实现项目既定的工期、质量和成本等目标。本书针对该学科实践综合性强、涉及面广的特点,在内容编写过程中,注重理论联系实际,利用案例突出对实际问题的分析与解决,具有系统完整、内容适用、可操作性强的特点,便于案例教学、实践教学,有利于对学生动手能力的培养。

　　本书采取项目化编写方式,在文字上力求深入浅出、通俗易懂,便于读者自学;在编写过程中采用现行规范、规程、标准,具有实用性和超前性。本书为新形态教材,书中配套有微课,读者可扫描二维码在线学习。书中包含实训例题,可帮助读者理解基本概念、基本原理,培养读者分析问题和解决问题的能力,还附有习题供读者练习。

　　本书为江苏城乡建设职业学院工程造价省级高水平专业群立项建设项目(项目编号:ZJQT21002328)。本书编写团队为多年从事本课程教学一线的教师以及企业人员,本书由江苏城乡建设职业学院朱平、史艾嘉任主编、江苏城乡建设职业学院宋昱玮、刘贺任副主编,项目工程案例由江苏先腾建设有限公司郭小刚先生提供并撰写,全书由朱平统稿。本书配套微课由江苏城乡建设职业学院杨建华、马玲、史艾嘉提供。在此,对编写团队各位成员和合作企业表示深深的感谢!

　　本书在编写过程中参考了大量的相关著作和论文,并从中得到了很多启发,在此对所有参考文献的作者表示诚挚的谢意。由于编者水平有限,书中不妥之处在所难免,恳请同行专家、学者和广大读者批评、指正。

编者

2022 年 5 月

目　录

项目 1 认知建筑工程施工组织与管理

知识目标

1. 了解建设项目含义及分类。
2. 了解建筑产品的特点及其生产特点。
3. 理解施工组织设计作用和分类。
4. 理解施工组织设计的内容。
5. 掌握建设项目基本建设程序。

能力目标

能写出建设项目基本建设程序。

课程思政

1. 培养系统分析问题的习惯,树立全局意识。
2. 培养遵章守纪的职业操守和责任意识,培养严谨认真的工匠精神。

任务 1.1 认知建设项目含义及分类

基本建设项目,简称建设项目,是指有独立计划和总体设计文件,并能按总体设计要求组织施工,工程完工后可以形成独立生产能力或使用功能的工程项目。在工业建设中,一般以拟建的企业单位为一个建设项目,如一个工厂;在民用建设中,一般以拟建单位为一个建设项目,如一所学校。

建设项目按其复杂程度由高到低可分为以下四类。

1. 单项工程

单项工程是指具有独立的设计文件,能独立组织施工,竣工后可以独立发挥生产能力和效益的工程,又称工程项目。一个建设项目可以由一个或几个单项工程组成,例如,一所学校中的教学楼、实验楼和办公楼等。

2. 单位工程

单位工程是指具有单独设计图样,可以独立施工,但竣工后一般不能独立发挥生产能力和经济效益的工程。一个单项工程通常都由若干个单位工程组成。例如,一个工厂车间通常由建筑工程、管道安装工程、设备安装工程、电气安装工程等单位工程组成。

3．分部工程

分部工程一般是指按单位工程的部位、构件性质、使用的材料或设备种类等不同而划分的工程。例如，一栋房屋的土建单位工程，按其部位可以划分为基础、主体、屋面和装修等分部工程；按其工种可以划分为土方工程、砌筑工程、钢筋混凝土工程、防水工程和抹灰工程等。

4．分项工程

分项工程一般是按分部工程的施工方法、使用材料、结构构件的规格等不同因素划分的，用简单的施工过程就能完成的工程。例如，房屋的基础分部工程可以划分为挖土方、混凝土垫层、砌毛石基础和回填土等分项工程。

任务 1.2 认知建设项目基本建设程序

一项建设工程从设想、提出到决策，经过设计、施工直至投产或交付使用的过程中，各项工作必须遵循先后次序。科学的建设程序应当在坚持"先勘察后设计施工"的基础上，突出优化决策、竞争择优、委托监理的原则。从事建设工程活动，必须执行建设程序。世界上各个国家和国际组织在工程项目建设程序上可能存在着某些差异，但是按照工程项目发展的内在规律，投资建设一个工程项目都要经过投资决策和建设实施两个发展时期，这两个发展时期又可分为若干个阶段，它们之间存在着严格的先后次序，可以进行合理的交叉，但不能任意颠倒次序。

1949 年以后，我国的建设程序经过了一个不断完善的过程。目前，我国的建设程序较之以往已经发生了重要变化。其中，关键性的变化有四项：一是在投资决策阶段实行了项目决策咨询评估制度；二是实行了工程招标投标制度；三是实行了建设工程监理制度；四是实行了项目法人责任制度。

建设项目基本建设程序如下。

1．项目建议书阶段

项目建议书是业主单位向政府提出的要求建设某一项目的建议文件，是对工程项目建设的轮廓设想。项目建议书又称立项报告，往往出现在项目早期，项目条件还不够成熟，仅有规划意见书，对项目的具体建设方案还不明晰，市政、环保、交通等专业咨询意见尚未办理。项目建议书主要论证项目建设的必要性，建设方案和投资估算也比较粗，投资误差为 $\pm30\%$ 左右。

项目建议书的内容视项目的不同有繁有简，但一般应包括以下七个方面内容。

（1）项目提出的必要性和依据。

（2）产品方案、拟建规模和建设地点的初步设想。

（3）资源情况、建设条件、协作关系等的初步分析。

（4）投资估算和资金筹措设想。

（5）项目的进度安排。

　　(6)经济效益和社会效益的估计。

　　(7)环境影响的初步评价。

　　随着我国投资体制改革的深入,特别是《国务院关于投资体制改革的决定》的出台和落实,除政府投资项目延续审批要求外,非政府投资类项目一律取消审批制,改为核准制和备案制。其中,对重大项目和限制项目进行核准,大中型及限额以上项目的项目建议书首先应报送行业归口主管部门,同时抄送国家发改委。凡行业归口主管部门初审没有通过的项目,国家发改委不予审批;凡属小型或限额以下项目的项目建议书,按项目隶属关系由部门和地方发改委审批。

　　房地产等非政府投资的经营类项目基本上都属于备案制,房地产开发商只需依法办理环境保护、土地使用、资源利用、安全生产、城市规划等手续,项目建议书和可行性研究报告可以合并,甚至不是必经流程。房地产开发商按照属地原则向政府投资主管部门(一般是当地发改委或者行政审批中心)进行项目备案即可。

2. 可行性研究阶段

　　可行性研究报告是从事一种经济活动(投资)之前,双方要从经济、技术、生产、供销直到社会各种环境、法律等各种因素进行具体调查、研究、分析,确定有利和不利的因素、项目是否可行,估计成功率大小、经济效益和社会效果程度,为决策者和主管机关审批的上报文件。

　　可行性研究是确定建设项目前具有决定性意义的工作,是在投资决策之前,对拟建项目进行全面技术经济分析的科学论证,在投资管理中,可行性研究是指对拟建项目有关的自然、社会、经济、技术等进行调研、分析比较以及预测建成后的社会经济效益。在此基础上,综合论证项目建设的必要性,财务的营利性,经济上的合理性,技术上的先进性、适应性,以及建设条件的可能性和可行性,从而为投资决策提供科学依据。

3. 设计工作阶段

　　设计是对拟建工作的实施在技术上和经济上所进行的全面而详尽的安排,是基本建设计划的具体化,同时也是组织施工的依据。工程项目的设计工作一般分为两个阶段,即初步设计和施工图设计。重大项目和技术复杂项目,可根据需要增加技术设计阶段。

　　1)初步设计

　　初步设计是根据可行性研究报告的要求所做的具体实施方案,目的是阐明在指定的地点、时间和投资控制数额内,拟建项目在技术上的可能性和经济上的合理性,并通过对工程项目所做出的基本技术经济规定,编制项目总概算。

　　初步设计不得随意改变被批准的可行性研究报告所确定的建设规模、产品方案、工程标准、建设地址和总投资等控制目标。如果初步设计提出的总概算超过可行性研究报告总投资的10%或其他主要指标需要变更时,应说明原因和计算依据,并重新向原审批单位报批可行性研究报告。

　　2)技术设计

　　应根据初步设计和更详细的调查研究资料,进一步解决初步设计中的重大技术问题,如工艺流程、建筑结构、设备选型及数量确定等,使工程建设项目的设计更具体、更完善,技术指标更好。

　　3)施工图设计

　　根据初步设计或技术设计的要求,结合现场实际情况,完整地表现建筑物外形、内部空间分割、结构体系、构造状况以及建筑群的组成和周围环境的配合。施工图设计还包括各种运输、通信、管道系统、建筑设备的设计。在工艺方面,应具体确定各种设备的型号、规格及各种非标准设备的制造加工图。

4. 建设准备阶段

项目在开工建设之前要切实做好各项准备工作,其主要内容包括以下五个方面。

(1) 征地、拆迁和场地平整。

(2) 完成施工用水、电、路等工作。

(3) 组织设备、材料订货。

(4) 准备必要的施工图纸。

(5) 组织施工招标,择优选定施工单位。

按规定进行了建设准备和具备开工条件以后,便应组织开工。大中型和限额以上工程建设项目的建设单位申请批准开工要经国家发改委统一审核后,编制年度新开工计划报国务院批准。部门和地方政府无权自行审批大中型和限额以上工程建设项目开工报告。年度大中型和限额以上新开工项目经国务院批准,国家发改委下达项目计划。

一般项目在报批开工前,必须由审计机关对项目的有关内容进行审计证明。审计机关主要是对项目的资金来源是否正当及落实情况,项目开工前的各项支出是否符合国家有关规定,资金是否存入规定的专业银行进行审计。

5. 施工安装阶段

工程项目经批准开工建设,项目即进入施工阶段。项目开工时间,是指工程建设项目设计文件中规定的任何一项永久性工程,第一次正式破土开槽开始施工的日期。不需开槽的工程,正式开始打桩的日期就是开工日期。铁路、公路、水库等需要进行大量土、石方工程的,以开始进行土、石方工程的日期作为正式开工日期。工程地质勘察、平整场地、旧建筑物的拆除、临时建筑、施工用临时道路和水、电等工程开始施工的日期不能算作正式开工日期。分期建设的项目分别按各期工程开工的日期计算,如二期工程应根据工程设计文件规定的永久性工程开工日期计算。

施工安装活动应按照工程设计要求、施工合同条款及施工组织设计,在保证工程质量、工期、成本及安全、环保等目标的前提下进行,达到竣工验收标准后,由施工单位移交给建设单位。

6. 生产准备阶段

对于生产性工程建设项目而言,生产准备是项目投产前由建设单位进行的一项重要工作。它是衔接建设和生产的桥梁,是项目建设转入生产经营的必要条件。建设单位应适时组成专门班子或机构做好生产准备工作,确保项目建成后能及时投产。

生产准备工作的内容根据项目或企业的不同,其要求也各不相同,但一般应包括以下主要内容。

1) 招收和培训生产人员

招收项目运营过程中所需要的人员,并采用多种方式进行培训。特别要组织生产人员参加设备的安装、调试和工程验收工作,使其能尽快掌握生产技术和工艺流程。

2) 组织准备

组织准备主要包括生产管理机构设置、管理制度和有关规定的制订、生产人员配备等。

3）技术准备

技术准备主要包括国内设备的设计资料的汇总，有关国外技术资料的翻译、编辑，各种生产方案，岗位操作方法的编制以及新技术的准备等。

4）物资准备

物资准备主要包括落实原材料、协作产品、燃料、水、电、气等的来源和其他需协作配合的条件，并组织工具、器具、备件等的制造或订货。

7. 竣工验收阶段

当工程项目按设计文件的规定内容和施工图纸的要求全部建完后，便可组织验收。竣工验收是工程建设过程的最后一环，是投资成果转入生产或使用的标志，也是全面考核基本建设成果、检验设计和工程质量的重要步骤。竣工验收对促进建设项目及时投产，发挥投资效益及总结建设经验，都有重要作用。通过竣工验收，可以检查建设项目实际形成的生产能力或效益，也可避免项目建成后继续消耗建设费用。

8. 后评价阶段

项目后评价是工程项目竣工投产、生产运营一段时间后，再对项目的立项决策、设计施工、竣工投产、生产运营等全过程进行系统评价的一种技术经济活动，是固定资产投资管理的一项重要内容，也是固定资产投资管理的最后一个环节。通过建设项目后评价，可以达到肯定成绩、总结经验、研究问题、吸取教训、提出建议、改进工作、不断提高项目决策水平和投资效果的目的。

项目后评价的内容包括立项决策评价、设计施工评价、生产运营评价和建设效益评价。在实际工作中，可以根据建设项目的特点和工作需要而有所侧重。

任务 1.3 认知建筑产品的特点及其生产特点

1. 建筑产品的特点

建筑产品和其他产品一样，具有商品的属性。但从其产品的特点来看，却具有与一般商品不同的特点，具体表现在以下三点。

1）建筑产品的空间固定性

建筑产品从形成的那一天起，便与土地牢固地结为一体，形成了建筑产品最大的特点，即产品的固定性。建筑产品的建造和使用，与选定地点的土地不可分割，从建造开始直至拆除均不能移动。所以，建筑产品建造和使用地点在空间上是固定的。

2）建筑产品的多样性

建筑产品不但要满足各种使用功能的要求，而且要体现出地区的民族风格、物质文明和精神文明，同时也受到该地区的自然条件诸因素的限制，使建筑产品在规模、结构、形式、装饰等诸多方面发生变化，各不相同。

3）建筑产品体型的庞大性

无论是简单的建筑产品，还是复杂的建筑产品，为了满足其使用功能的需要，都需要使用大量的物质,占用广阔的平面与空间。

2. 建筑产品生产的特点

建筑产品本身的地点固定性、产品类型的多样性、体型的庞大性及综合性,决定了建筑产品生产特点与一般商品有所不同。具体特点如下。

1) 建筑产品生产的流动性

建筑产品地点的固定性决定了产品生产的流动性。一般商品的生产,都是在固定的工厂、车间内进行,生产者和生产设备是固定的,产品在生产线上流动。而建筑产品的生产刚好相反,由于建筑产品固定不动,而人员、材料、机械等都要围绕建筑产品移动,要从一个工地移动到另一个工地,要从房屋的这个部位转移到另外一个部位。许多不同的工种,在同一工作面上施工,不可避免地发生时间、空间的矛盾,这就需要进行施工组织设计,使流动的人员、材料、机械等能组织协作,达到连续、均衡的施工。

2) 建筑产品生产的单件性

建筑产品地点的固定性和类型的多样性决定了产品生产的单件性。一般普通产品是在一定的时期内,按统一的工艺流程进行批量生产;而每一项建筑产品,都是按照建设单位的要求进行单独设计、单独施工的。因此,实物形态、工程内容都互不相同。即使是选用标准设计、采用通用的构件或配件,也会由于建筑产品所在地区的自然、政治、经济、技术条件的不同而不同。因此,建筑产品生产具有单件性。

3) 建筑产品生产的地区性

由于建造地区不同,同一使用功能的建筑产品必然受到建设地区的自然、政治、经济、技术等条件的约束,其结构、构造、建筑材料、施工方法等方面各不相同。因此建筑产品具有生产的地区性。

4) 建筑产品生产的周期长

由于建筑产品体型庞大,在建筑产品的建成过程中,必然耗费大量的人力、物力、财力和时间。同时,建筑产品的生产过程还要受到工艺流程和施工程序的制约,使各专业、各工种间必须按照合理的施工顺序进行配合和搭接。又由于建筑产品地点的固定性,施工活动的空间具有局限性,从而导致建筑产品生产的周期长。

5) 建筑产品生产的高空作业多

建筑产品的体型庞大,决定了建筑产品生产具有高空作业多的特点。特别是随着城市化的发展,高层、超高层建筑的增多,建筑产品生产的高空作业多的特点日益突出。

6) 建筑产品生产的露天作业多

建筑产品体型庞大,使其不具备在室内生产的可能性,一般都要求露天作业。即使某些构件或配件可以在工厂内生产,仍需要在施工现场内进行总装配后才能形成最终建筑产品。因此,建筑产品的生产具有露天作业多的特点。

7) 建筑产品生产组织协作的综合复杂性

建筑产品不仅涉及土建、水电、热力、设备安装、室外市政工程等不同专业,也涉及企业内部各部门和人员,还涉及企业外部的勘察设计、建设、施工、监理、造价咨询、消防、环境保护和材料供应等多单位,需要各部门和各单位之间的协调配合,从而使建筑产品生产组织协作综合复杂。

任务 1.4　认知施工组织设计作用和分类

施工组织设计是用以指导施工组织管理、施工准备与实施、施工控制与协调、资源的配置与使用等全面性的技术经济文件，是对施工活动的全过程进行科学管理的重要手段。它的任务是要对具体的拟建工程（建筑群或单个建筑物）的整个施工过程，在人力和物力、时间和空间、技术和组织上，做出一个全面而合理，且符合好、快、省、安全要求的计划安排。

建筑施工组织设计是根据拟建工程的特点，对人力、材料、机械、资金、施工方法等方面所做的全面的、科学的、合理的安排，并形成指导拟建工程施工全过程中各项活动的技术、经济和组织的综合性文件。

建筑施工组织设计的基本任务是根据业主对建设项目的各项要求，选择经济、合理、有效的施工方案；确定紧凑、均衡、可行的施工进度；拟订有效的技术组织措施；优化配置和节约使用劳动力、材料、机械设备、资金和技术等生产要素（资源）；合理利用施工现场的空间等。

1. 施工组织设计的作用

（1）施工组织设计可以指导工程投标与签订工程承包合同，并作为投标书的内容和合同文件的一部分。

（2）施工组织设计是施工准备工作的重要组成部分，它对施工过程实行科学管理，以确保各施工阶段的准备工作按时进行。

（3）通过施工组织设计的编制，可以全面考虑拟建工程的各种具体施工条件，扬长避短地拟订合理的施工方案，确定施工顺序、施工方法和劳动组织，合理地统筹安排拟订施工进度计划。

（4）施工组织设计中所编制的各项资源需要量计划，直接为组织材料、机具、设备、劳动力需要量的供应与使用提供数据支持。

（5）通过编制施工组织设计，可以合理地安排为施工服务的各项临时设施，合理地部署施工现场，确保文明施工、安全施工。

（6）通过编制施工组织设计，可以将工程的设计与施工、技术与经济、施工全局性规律和局部性规律、土建施工与设备安装、各部门、各专业之间进行有机结合，统一协调。

（7）通过编制施工组织设计，可以分析施工中的风险和矛盾，及时研究解决问题的对策、措施，从而提高施工的预见性，减少盲目性。

2. 施工组织设计分类

1）按编制目的不同分类

（1）投标性施工组织设计

在投标前，由企业有关职能部门负责牵头编制，在投标阶段以招标文件为依据，为满足投标书和签订施工合同的需要编制。

（2）实施性施工组织设计

在中标后、施工前，由项目经理负责牵头编制，在实施阶段以施工合同和中标施工组织设计为依据，为满足施工准备和施工需要编制。

2）按编制对象范围不同分类

（1）施工组织总设计

施工组织总设计是以整个建设项目或群体工程为对象,规划其施工全过程各项活动的技术、经济的全局性、指导性文件,是整个建设项目施工的战略部署,内容比较概括。一般是在初步设计或扩大设计批准之后,由总承包单位的总工程师负责,会同建设、设计和分包单位的总工程师共同编制。

（2）单位工程施工组织设计

单位工程施工组织设计是以单位工程为对象编制的,是用于直接指导单位工程施工全过程各项活动的技术、经济的局部性、指导性文件,是施工组织总设计的具体化,具体地安排人力、物力和实施工程。它是在施工图设计完成后,以施工图为依据,由工程项目的项目经理或主管工程师负责编制的。

3. 分部工程施工组织设计

分部工程施工组织设计一般针对工程规模大、特别重要、技术复杂、施工难度大的建筑物或构筑物,或采用新工艺、新技术的施工部分,或冬雨期施工等为对象编制,是专门的、更为详细的专业工程设计文件。

总之,通过施工组织设计,可以把施工生产合理地组织起来,规定出有关施工活动的基本内容,使具体的工程施工得以顺利进行和完成。因此,编制施工组织设计在施工组织与管理工作中占有十分重要的地位。

任务 1.5　认知施工组织设计的内容

单位工程施工组织设计是以单位（子单位）工程为对象编制的用于规划和指导单位（子单位）工程全部施工活动的技术、经济和管理的综合性文件。按照《建筑施工组织设计规范》（GB/T 50502—2017）的规定,单位工程施工组织设计编制的基本内容主要包括工程概况、施工部署、施工方案、施工进度计划、资源需要量计划、施工准备工作计划、主要施工管理计划、施工平面图八大部分内容。

1. 工程概况

编写工程概况主要是对拟建工程的工程特点、建设地区特征与施工条件、施工特点等做出简要明了、突出重点的文字介绍。通过对项目整体面貌重点突出的阐述,工程概况可以为选择施工方案、组织物资供应、配备技术力量等提供基本依据。

1）工程特点

工程特点应说明拟建工程的建设概况和建筑、结构与设备安装的设计特点,包括工程项目名称、工程性质和规模、工程地点和占地面积、工程结构要求和建筑面积、施工期限和投资等内容。

2）建设地区特征与施工条件

建设地区特征与施工条件主要说明建设地点的气象、水文、地形、地质情况,施工现场与周围环境情况,材料、预制构件的生产供应情况,劳动力、施工机械设备落实情况,水电供应情况,交通情况等。

3）施工特点

通过分析拟建工程的施工特点,可以把握施工过程的关键问题,了解拟建工程施工的重点所在。

2. 施工部署

施工部署的内容包括:施工管理目标、施工部署原则、项目经理部组织机构、施工任务划分,对主要分包施工单位的选择要求及确定的管理方式,计算主要项目工程量和施工组织协调与配合等。

3. 施工方案

施工方案是单位工程施工组织设计的核心,通过对项目可能采用的几种施工方案的技术、经济比较,选定技术先进、施工可行、经济合理的施工方案,从而保证工程进度、施工质量、工程成本等目标的实现。

施工方案是施工进度计划、施工平面图等设计和编制的基础,其内容一般包括确定施工程序、施工流水段的划分、施工起点流向及施工顺序,选择主要分部分项工程的施工方法和施工机械,制订施工技术组织措施等。

4. 施工进度计划

施工进度计划是施工方案在时间上的体现,编制时应根据工期要求和技术物资供应条件,按照既定施工方案确定各施工过程的工艺与组织关系,并采用图表的形式说明各分部分项工程作业起始时间、相互搭接与配合的关系。施工进度计划是编制各项资源需要量计划的基础。

5. 资源需要量计划

资源需要量计划包括劳动力需要量计划、主要材料需要量计划、预制加工品需要量计划、施工机械和大型设备需要量计划及运输计划等,应在施工进度计划编制完成后,依照进度计划工程量等要求进行编制。资源需要量计划是各项资源供应调配的依据,也是进度计划顺利实施的物质保证。

6. 施工准备工作计划

施工准备工作计划的内容包括基础准备、现场准备、劳动力和物质准备、资金准备,冬雨季施工准备以及施工准备工作的管理组织、时间安排等编制施工准备工作计划是工程项目开工前的全面施工准备之一。同时,也是施工准备工作计划施工过程中分部分项工程施工作业准备的工作依据。

7. 主要施工管理计划

主要施工管理计划内容包括进度管理计划、质量管理计划、安全管理计划、环境管理计划、成本管理计划和其他管理计划。

8. 施工平面图

施工平面图是拟建单位、工程施工现场的平面规划和空间布置图,体现了施工期间所需的各项设施与永久建筑、拟建工程之间的空间关系,是施工方案在空间上的体现。施工平面图的设计以工程的规模、施工方案、施工现场条件等为依据,是现场组织文明施工的重要保障。施工平面图包括基础工程、主体结构、装饰工程等施工各阶段平面布置图,同时要对各阶段平面布置图配以文字说明。

9. 技术经济指标

施工组织设计中,技术经济指标是从技术和经济两个方面对设计内容做出的优劣评价,它以施工方案、施工进度计划、施工平面图为评价中心,通过定性或定量计算分析来评价施工组织设计的技术可行性、经济合理性。技术经济指标包括工期指标、质量和安全指标、劳动生产率指标、设备利用率指标、降低成本和节约材料指标等,是提高施工组织设计水平和选择最优施工组织设计方案的重要依据。

学习笔记

任务练习

1. 简述建设项目的定义和组成。

_____

_____

_____

_____

_____

_____

2. 简述施工组织设计的分类。

_____

_____

_____

_____

_____

_____

_____

项目 2　编制单位工程工程概况及施工准备工作

任务 2.1　编制单位工程工程概况

2.1.1　工程概况的定义

建筑施工组织设计是作为指导施工的纲领性文件,因此,通过工程概况,让管理层和执行层首先对即将实施的工程增加感性认识,并达成共识。施工准备工作是指工程施工前所做的一切工作。认真细致地做好施工准备工作,可以充分发挥各方面的积极因素,合理利用资源、加快施工速度、提高工程质量、确保施工安全、降低工程成本及获得较好的经济效益。

工程概况一般应包含的内容为:各参建单位,合同工期,工程特点,建筑及结构设计(各分部工程)要求,现场施工条件,地质、水文情况等。

准确认识工程概况是做好施工准备工作的基础,施工管理人员要有责任意识,必须认真熟悉图纸、熟悉施工说明,了解建设单位、施工单位的情况,了解现场情况和合同等内容。本着对建设工程高度负责的态度,才能及早发现问题、消除隐患,确保工程保质保量按期完成。

2.1.2　单位工程施工组织设计的编制依据

1. 主管部门的批示文件及有关要求

主管部门的批示文件及有关要求主要包括上级部门对工程的有关批示和要求,建设单位对施工的要求,施工合同中的相关约定等。其中施工合同中包括工程范围和内容、工程开工及竣工日期、工程质量保修期及保养条件、工程造价、工程价款的支付方式、结算方式、交工验收办法、设计文件、概预算、技术资料的提供日期、施工组织设计的编制程序及设备的供应和机械进场期限、建设方和施工方相互协作及违约责任等事项。

2. 经过会审的施工图

经过会审的施工图主要包括单位工程的全套施工图纸、图纸会审纪要及有关标准图。对于较复杂的工业厂房,同时必须有完整的设备图纸,以期掌握设备安装对土建施工的要求及设计单位对"四新"的要求。

3. 施工企业年度施工计划

施工企业年度施工计划主要包括本工程开工日期、竣工日期的规定,以及与其他项目穿插施工的要求等。

4. 施工组织总设计

如果本工程是整个建设项目中的一个子项目,应把施工组织总设计作为编制依据。

5. 工程预算文件及有关定额

工程预算文件及有关定额应有详细的分部分项工程量,必要时应有分层、分段的工程量,以及需要使用的预算定额和施工定额。

6. 建设单位对工程施工可能提供的条件

建设单位对工程施工可能提供的条件主要包括供水、供电、供热的情况及可借用作为临时办公、仓库、宿舍的施工用房等。

7. 施工现场的勘察信息

施工现场的勘察信息主要包括施工现场的地形、地貌、工程地质、水文、气象、交通运输、场地面积、地上与地下障碍物等情况,以及工程地质勘察报告、地形图、测量控制网。

8. 有关的国家规定和标准

有关的国家规定和标准主要包括施工质量验收规范、质量评定标准及《建筑安装工程施工技术操作规程》(DGJ 32/39—2006)等。

9. 施工条件

施工条件主要包括施工工程条件、自然条件、物质资源条件、社会经济条件等。

10. 其他

其他包括有关的参考资料及类似工程施工组织设计实例。

2.1.3　单位工程施工组织设计的内容

根据工程的性质、规模、结构特点、技术复杂难易程度和施工条件等,单位工程施工组织设计编制内容的深度和广度也不尽相同,但一般来说内容必须简明扼要,使编制出的单位工程施工组织设计真正起到指导、实施的作用。

1. 工程概况

工程概况包括项目概况、建设场地情况、施工条件、本项目主要施工特点。

2. 施工准备工作计划

施工准备工作计划包括技术准备、物资准备、劳动力和组织准备、施工现场准备和施工场外准备等。

3. 施工部署

施工部署是对项目实施的总体设想,包括工期控制、施工方案、机械选择、施工顺序、流水施工,各专业的搭接、穿插与协调等。

4. 单位工程施工平面图

单位工程施工平面图主要包括起重机械的确定,搅拌站、临时设施、材料及预制构件堆场的布置,运输道路布置,临时供水、供电管线的布置等内容。

5. 施工进度计划

施工进度计划包括工程总控制进度计划、详细进度计划、班组作业计划以及配套的劳动力需要量计划、主要机械需要量计划、材料成品半成品需要量计划等。工程计划安排要以施工方案为前提,为方案的落实提供可靠的保证。

6. 施工方案

工程项目施工方案是整个施工组织设计的核心内容,主要应包括:工程对象应划分几个阶段进行施工、每个阶段的主要施工工艺过程、所使用的主要机械、是否划分施工段进行专业化流水、每个阶段中的主要分部分项工程的施工方法等内容。

施工方案中应包括工程测量、土方工程、基础工程、上部结构、砌体结构、装饰工程、屋面及防水工程、脚手架工程、起重机械等分部工程的应用性方案。

7. 主要施工机械、设备和材料计划

主要施工机械、设备和材料计划说明项目所需各项施工机械、设备、材料的配置、选型、价格、供应计划和提供方式。一般以文字辅以表格形式来形象表达。

8. 劳动力配备计划

劳动力配备计划说明施工技术组的组成、人数、资质、工种安排及配置的当地工人的数量、工种和雇佣计划。一般以文字辅以表格形式来形象表达。

9. 安全文明施工及环境保护措施

安全文明施工措施应针对场地及道路、治安管理、卫生防疫、住宿管理、文明建设等方面介绍安全文明施工的具体措施。

环境保护措施主要针对防止大气、水、噪声、固体废弃物污染等几个方面进行介绍。

10. 季节性施工措施

季节性施工措施包括冬期、雨期、夏季等特殊季节施工的具体措施。

2.1.4 单位工程施工组织设计的编制程序

单位工程施工组织设计的编制程序,是指单位工程施工组织设计各个组成部分形成的先后次序以及相互之间的制约关系的处理,如图 2-1 所示。

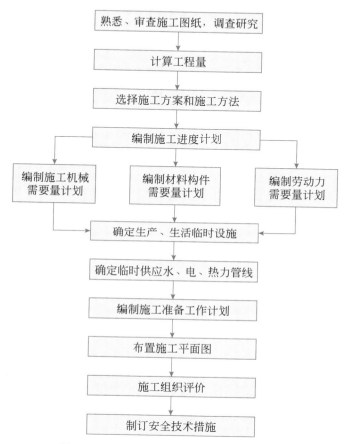

图 2-1 单位工程施工组织设计的编制程序

2.1.5 工程概况及施工特点分析

单位工程施工组织设计中的工程概况主要是针对拟建工程的工程特点、地点特征及施工条件等进行简明扼要又突出重点的文字说明。

1. 工程建设概况

工程建设概况主要说明拟建工程的建设单位、设计单位、施工单位、监理单位,工程名称及地理位置,工程性质、用途和建设的目的,资金来源及工程造价,开工、竣工日期,施工图纸情况,施工合同是否签订,主管部门的有关文件或要求,以及组织施工的指导思想等。

2. 工程设计概况

(1)建筑设计概况主要说明拟建工程的建筑面积、平面形状和平面组合情况、层数、层高、总高、总长、总宽等尺寸及室内外装修的情况,并附有拟建工程的平面图、立面图及剖面图。

（2）结构设计概况主要说明基础的形式、埋置深度、设备基础的形式,桩基的类型、根数及深度,主体结构的类型,墙、梁、板的材料及截面尺寸,预制构件的类型及安装位置,楼梯构造及形式等。

（3）设备安装设计概况主要说明拟建工程的给水排水、电气照明、供暖通风、动力设备、电梯安全等的设计要求。

3. 工程施工概况

（1）施工特点主要说明拟建工程施工特点和施工中的关键问题、难点所在,以便突出重点、抓住关键,使施工顺利进行,提高施工单位的经济效益和管理水平。不同类型的建筑、不同地点、不同条件和不同施工队伍的施工特点各不相同。

（2）地点特征主要说明拟建工程的地形、地貌、地质、水文、气温、冬雨期时间、年主导风向、风力和抗震设防烈度要求等。

（3）施工条件主要说明"三通一平"的情况,当地的交通运输条件,材料生产及供应情况,施工现场及周围环境情况,预制构件生产及供应情况,施工单位机械、设备、劳动力的落实情况,内部承包方式、劳动组织形式及施工管理水平,现场临时设施、供水、供电问题的解决。

对于结构类型简单、规模不大的建筑工程,也可采用表格的形式更加一目了然地对工程概况进行说明。

任务 2.2　施工准备工作计划

2.2.1　施工准备工作概述

1. 原始资料的收集

通过对原始资料的收集分析,为编制出合理的、符合客观实际的施工组织设计文件,提供全面、系统、科学的依据;为图纸会审、编制施工图预算和施工预算提供依据;为加强施工企业管理,制定经营管理决策提供可靠的依据。

微课:施工准备
工作计划

1）自然条件的资料调查

建设地区自然条件的资料调查主要内容包括:地区水准点和绝对标高等情况;地质构造、土的性质和类别、地基土的承载力、地震级别和烈度等情况;河流流量和水质、最高洪水位和枯水期的水位等情况;地下水位的高低变化情况,含水层的厚度、流向流量和水质等情况;气温、雨、雪、风和雷电等情况;土的冻结深度和冬、雨期的期限情况等。

2）供水供电的资料调查

施工区域水、电是施工不可缺少的必要条件。其施工区域给水与排水、供电与电信等资料调查包括以下内容。

（1）城市自来水干管的供水能力、接管距离、地点和接管条件等,利用市政排水设施的可能性,排水去向、距离、坡度等。

（2）可供施工使用的电源位置；引入现场工地的路径和条件；可以满足的容量和电压；需要增添的线路和设施等。资料来源主要是当地市政建设、供电、电信等管理部门。

3）交通运输的资料调查

建筑施工常采用铁路、公路和水路三种主要交通运输方式。施工区域交通运输的资料调查包括：主要材料及构件运输通道情况；有超长、超高、超重或超宽的大型构件、大型起重机械和生产工艺设备需要整体运输时，还要调查沿线架空电线、天桥等的高度，并与有关部门商谈避免大件运输对正常交通干扰的路线、时间及措施等。资料来源主要是当地铁路、公路和水路管理部门。资料主要用作选用建筑材料和设备的运输方式，组织运输业务的依据。

4）建筑材料的资料调查

建筑工程需要消耗大量的材料，主要有钢材、木材、水泥、地方材料、装饰材料、构件制作、商品混凝土、建筑机械等。收集施工区域建筑材料资料包括：地方材料的供应能力、质量、价格、运费等；商品混凝土、建筑机械供应与维修、脚手架、定型模板等大型租赁所能提供的服务项目及其数量、价格、供应条件等。资料来源主要是当地主管部门和建设单位及各建材生产厂家、供货商。资料的主要作用是作为选择建筑材料和施工机械的依据。

5）劳动力调查

建筑施工是劳动密集型的生产活动，社会劳动力是建筑施工劳动力的主要来源。资料来源是当地劳动、商业、人力资源和社会保障等部门。资料的主要作用是为劳动力安排计划、布置临时设施和确定施工力量提供依据。

2. 施工准备工作的分类

1）按照施工准备工作的范围分类

（1）全场性施工准备是以一个建筑工地为对象而进行的各项施工准备。施工准备工作的目的、内容都是为全场性施工服务的，不仅要为全场性的施工活动创造有利条件，而且要兼顾单位工程施工条件的准备。

（2）单位工程施工条件准备是以一个建筑物或构筑物为对象的施工条件准备工作。该准备工作的目的、内容都是为单位工程施工服务的，它不仅为该单位工程在开工前做好一切准备工作，而且要为分部（分项）工程做好施工准备工作。

（3）分部（分项）工程作业条件的准备是以一个分部（分项）工程或冬、雨季施工为对象而进行的作业条件准备。

2）按照拟建工程所处的施工阶段分类

（1）开工前的施工准备是指在拟建工程正式开工之前所进行的准备工作，其目的是为拟建工程正式开工创造必要的施工条件。它既可能是全场性的施工准备，又可能是单位工程施工条件的准备。

（2）各施工阶段前的施工准备是指在拟建工程开工之后，每个施工阶段正式开工之前所进行的一切施工准备工作，其目的是为各施工阶段正式施工创造必要的施工条件。

3. 施工准备工作的重要性

工程项目建设总的程序是按照计划、设计和施工三大阶段进行的，而施工阶段又分为施工准备、土建施工、设备安装、竣工验收等阶段。

施工准备工作的基本任务是为拟建工程的施工准备必要的技术和物质条件，统筹安排施工力量和合理布置施工现场。施工准备工作是施工企业搞好目标管理，推行技术经济承包的重要前提,同时施工准备工作还是土建施工和设备安装顺利进行的根本保证。因此,认真做好施工准备工作,对于发挥企业优势、合理供应资源、加快施工速度、提高工程质量、降低工程成本、增加企业经济效益等具有重要意义。

2.2.2 施工准备工作的内容

1. 组织准备

组建工程项目经理部,委派技术过硬、施工经验丰富且具有国家相应项目经理资质者担任建设工程的项目经理,同时抽调经验丰富、技术过硬的施工技术管理人员组成项目班子,迅速到位展开各项准备工作。选用组织完善、工种配套的劳务施工队伍分批进场,边开工边根据需要修建材料库等临时设施。

1)施工现场的准备

进场后统一筹划,材料等按平面布置图进行布置,认真组织搭设好临时设施,统一安排施工用电、用水、排水及消防水设施,以利于施工生产顺利进行。

(1)劳动力组织

公司施工的工程质量优异,与单位使用的队伍是否过硬有关,在工程中将最优秀的队伍调配过来,并配备过硬的施工员、安装工、涂料工等工种,形成人员结构合理、素质过硬的施工队伍。

在工程开工前对施工负责人、技术员、安全员和工人进行专门的节能改造岗位培训,对施工人员进行安全"三级"教育。

(2)物资配备

做好各种材料、构件、机具设备等的进场计划。对进入现场的机具认真做好检修与保养,使其处于待命操作状态。

(3)施工机械设备

现场主要施工机械的配备是工程高速、按期完成的关键之一,因此应充分考虑该工程的诸多特点,结合本单位在机械设备方面的优势和特点,以满足该工程施工中的需要。

2)临时生产设施

根据施工的要求,由于该工程场地较好,在现场搭设资料库、构件堆放棚、机具仓库用房等。

3)与业主协调

(1)施工队伍进场,在建筑进出口张贴告知致歉信,通知住户做好相应准备。

(2)张贴工序安排通知,使住户了解工程的进展情况和需配合的大致时间。

2. 技术准备

(1)组建强有力的项目管理班子,委派具有国家相应项目经理资质的项目经理,组织管理班子,并组织施工队伍进场,进行现场安全维护,完成现场的水、电接通工作。

(2)做好技术准备。收到施工图纸后,预算员、施工员等有关人员要认真熟悉图纸,了解设计意图,并注意图纸上的问题,做好记录,准备好图纸会审,力争在施工前把问题处理完。施工员在此基础上进行测量放线,质检人员应做好复测工作,并做好验线准备。预算人员提出各种材料计划,交施工负责人安排组织进场和加工。

施工员应对各工种做好技术、质量、安全交底,并准备好各种资料表格,以保证资料形成及时可靠。

(3)做好施工材料机具准备。材料员按计划组织材料、机械进场,并按施工总平面图堆放材料,布置施工机械。

(4)建立现场质量、安全生产保证体系和项目人员岗位责任制,制订出各项管理制度措施。

(5)进行工人进场安全、质量、文明施工教育,提高全体职工对搞好安全文明施工的重要意义的认识,增强质量意识、安全意识、文明施工意识。

(6)图纸审查管理制度如下。

① 收到图纸后,相关人员审查清点图纸,并进行登记,及时发放给项目部。

② 相关专业收到图纸后,认真识图,对工艺、材料及图纸交底情况进行审查,凡对工艺要求有疑义、材料货源有问题的及设计图纸各专业之间有矛盾的,认真做好记录,以便在图纸会审时及时提出。

③ 对设计内容有疑问及不懂之处,应及时向设计方反馈,并收集相关信息,确保工程顺利进行。

④ 施工过程中对图纸应妥善保管,对有变更之处应及时在图纸上标注并实施。

⑤ 竣工后给业主提供一份完整的工程竣工图。

(7)技术交底制度。技术交底的目的是使参与施工的人员在施工前了解设计和施工要求,以便能按照合理的工序、工艺进行施工。在单位工程、分项工程施工前,均必须对有关人员进行技术交底工作。技术交底的内容可根据不同的层次有所不同,主要包括图纸、设计变更、施工组织设计、施工工艺、操作规程、质量标准和安全措施等,对于新结构、新材料、新技术则应详细交底。交底可以采用口头和文字两种方式,应以文字和样板交底为主。班组长在接受交底后,应组织工人进行认真讨论,保证施工要求。

(8)材料验收制度。材料进场验收,现场必须责任到人,严格按照公司的办法验收,验收记录必须完善、数据真实。对一切租赁工具、设备,在承租过程中,应派专业人员做好预检及点数工作,防止以次充好、数量不足及缺乏安全装置的机械物品进场而发生额外赔偿。在质量方面,验收砂含泥量,胶结材料质量,塑钢窗的规格、型号、材质是否符合设计和标准。验收人员对其数量、质量的验收结果以文字形式标以状况和意见,凡因验收人员做假验收、后补验收、人情验收,造成数量不实、质量低劣的情况,对当事人给予岗位工资扣除10%的经济处罚,并内部通报。

3. 施工现场准备

1)施工现场测量

按照建筑总平面图和建设方提供的水准控制基桩以及桩基施工承包方已经设置的本建设区域水准基桩和工程测量控制网进行校对、复核验收并做好补设,加强保护工作;按建筑施工平面图由基准点引测至龙门桩,符合施工规范,经验收符合要求后方可开工,进行土方开挖和基坑围护等施工工作。

2)"三通一平"准备

"三通一平"是建设项目在正式施工以前,施工现场应达到水通、电通、道路通和场地平整等条件的简称。

（1）路通：工程道路可满足施工运输要求。对于场内临时道路，在施工单位进场后需对原桩基承包单位设置的道路，根据施工总平面图进行适当的调整、补强、加宽、硬化等工作，场内临时道路位置最好利用规划总图上设计的永久性道路作为施工通道，若该处土质较差，应用建筑垃圾回填、夯实，面铺碎石（待基层稳定后再浇混凝土地坪），要求场内道路四周环通，为建筑材料进场、堆放和施工运输创造有利条件。

（2）水通及场地排水：生产和生活用水的管线要按照施工平面布置图的要求铺设。为避免雨季现场积水，保证正常施工，考虑砖砌排水沟一条沿场地四周布置，为使雨水顺利排出，沟底放坡，沟深为40cm，并在场地中设多条引水沟与环形排水沟连通，将排水沟中雨水引到附近市政雨水管网内，引水沟底根据实际情况放坡，在穿越临时道路处埋设有筋水泥管。为保证现场文明施工，拌灰机等排放的施工废水引入排水沟，为防止砂浆沉淀阻塞排水沟，特在搅拌机、砂浆机前设沉淀池，施工废水先引入沉淀池，沉淀后将清水引入排水沟排出，随时清理沉淀池，保证施工废水合理排放。

（3）电通及通信：按照施工组织设计要求，接通电力和通信设施，确保施工现场动力设备和通信设备的正常运行。

（4）平整场地：进场后，立即进行场地平整工作。

4. 临时设施的准备

现场施工人员的办公、生活和公用的房屋与构筑物，施工用的各种仓库和各种附属生产加工场、棚（如混凝土搅拌场、机修间、木工场、钢筋加工厂等）的建筑，按建设方审定的施工总平面布置图给定的位置搭建，并且为便于现场管理及达到标准化的目的，对重要的临时加工场、堆放场和生活区域、临时设施前的人行道路做混凝土地坪硬化，适当空余位置做绿化点缀处理，以改善生活、工作环境。

5. 作业队伍和管理人员的准备

工程一线操作施工作业层人员基本上以经历过此类项目施工的作业人员为主，包括绿化工、木工、混凝土工、瓦工、抹灰工、水电安装工、普工等，均须持证上岗；二线操作人员，如机修工，电焊工，大、中、小型机械操作工，电工等，均为经过特种作业培训上岗人员。

6. 物资准备

物资准备的主要内容是施工机具准备、材料准备。施工机具准备：根据施工机具进场计划的先后，安排先用的施工机具进场，按施工总平面布置图进行机械设备就位。如砂浆机、木工机械、钢筋机械等先用的机械进场。为了满足工程施工要求，应选择功能先进、性能优越的施工机具。

学习笔记

任务练习

一、填空题

1. "三通一平"是指在拟建工程施工范围内的施工（　　　）、（　　　）、（　　　）和（　　　）。

2. 全场性施工准备是以一个（　　　）为对象而进行的各项施工准备。

3. 项目施工管理机构的建立应根据拟施工项目的（　　　）、（　　　）、（　　　），确定项目施工的领导机构人选和名额；应坚持合理分工与密切协作相结合的原则，以有丰富施工经验、富有创新精神、工作管理效率高的人来组建领导机构。

4. 建筑施工企业中的技术交底，是在某一单位工程开工前，或一个分项工程施工前，由主管技术领导向参与施工的人员进行的技术性交代，其目的是使施工人员对（　　　）、（　　　）、（　　　）和（　　　）等方面有一个较详细的了解，以便于科学地组织施工，避免技术质量等事故的发生。

二、单项选择题

1. 原始资料的收集不包括（　　　）。

　　A. 供水供电资料　　　　　　　　B. 交通运输资料

　　C. 施工人员资料　　　　　　　　D. 建筑材料资料

2. 施工准备工作按拟建工程所处的施工阶段分类，下面叙述不正确的是（　　　）。

　　A. 开工前的施工准备是在拟建工程正式开工之前所进行的准备工作

　　B. 开工前的施工准备其目的是为各施工阶段正式施工创造必要的施工条件

　　C. 开工前的施工准备既可能是全场性的施工准备，又可能是单位工程施工条件的准备

　　D. 各施工阶段前的施工准备是在拟建工程开工之后，每个施工阶段正式开工之前所进行的一切施工准备工作

3. 施工现场人员准备包括（　　　）。

　　A. 审查设计图纸　　　　　　　　B. 编制施工图预算

　　C. 编制施工组织设计　　　　　　D. 建立精干的施工队伍

4. （　　　）是指工程施工必需的施工机械、机具和材料、构配件的准备，该项工作应根据施工组织设计的各种资源需用量计划，分别落实货源、组织运输和安排存储，确保工程的连续施工。

　　A. 技术准备　　　　B. 物资准备　　　　C. 人员准备　　　　D. 现场准备

三、简答题

1. 单位工程施工组织设计的内容有哪些？

2. 简述单位工程施工组织设计编制的流程。

3. 编制单位工程施工组织设计的依据有哪些？

4. 原始施工资料的收集包括哪些方面？

5. 简述施工准备工作的重要性。

6. 什么是施工现场准备工作？施工现场人员准备是指哪些方面？

项目 3 编制单位工程施工部署及施工方案

知识目标

1. 了解单位工程施工方案包含的内容。
2. 理解单位工程施工部署的含义。
3. 理解单位工程施工程序、施工流程、施工顺序的含义及区别,掌握如何确定单位工程的施工程序、施工流程、施工顺序。
4. 掌握如何选择单位工程的施工方法和施工机械。

能力目标

1. 能写出单位工程施工部署、施工方案包含的内容。
2. 能解释单位工程施工部署、施工方案的含义。
3. 能处理如何选择正确的单位工程的施工机械和相应的施工方法。
4. 能应用给定的条件确定单位工程的施工部署及施工方案。

课程思政

1. 培养系统地分析问题的习惯,树立全局意识。
2. 培养遵章守纪的职业操守、责任意识及严谨认真的工匠精神。

任务 3.1 编制单位工程的施工部署

施工部署是对整个工程项目进行的统筹规划和全面安排,并解决影响全局的重大问题,用于指导全局施工的战略规划。施工部署的内容和侧重点,根据建设项目的性质、规模和客观条件不同而各异。一般包括以下内容。

(1) 确定施工任务的组织分工,建立现场统一的领导组织机构及职能部门,确定综合的和专业的施工队伍,划分施工过程,确定各施工单位分期分批的主导施工项目和穿插施工项目。

(2) 确定工程项目的开展程序,对单位工程及分部工程的开工、竣工时间和施工队伍及相互间衔接的有关问题进行具体明确的安排。

施工方案是建筑工程施工组织设计中的三大核心内容之一。因此,在进行建设工程施工前,工程项目部负责人要精心编制拟建工程的施工方案,同时在施工前也必须向相关工程建设人员交底。在实际工程案例中,由于支模板、搭脚手架、开挖基坑等编制施工方案不当或不按施工方案进行,甚至严重违反施工工艺顺序,导致的工程质量、工程安全事故屡见不鲜,屡禁不止。如2021年4月,某节水配套改造项目蓄水池在试水期间发生溃口事故,造成重大安全事故,严重影响了当地群众的生产生活。2021年9月,某城市轨道交通建设工程在搭建地面防尘降噪棚时,部分棚网架发生垮塌,事故造成18人受伤,其中4人经抢救无效死亡。这就需要大家在学习本项目时要有敬畏之心,意识到工程质量、工程安全责任重于泰山,养成良好的职业素养和严谨细致的工作作风,才能减少或者避免质量和安全事故的发生,这才是对国家、对社会、对人民、对自己负责的应有态度。

在确定施工方案时,首先要知道如何进行施工部署,所谓施工部署即明确建设工程的质量、进度目标和安全指标,项目部现场组织机构设置,主要管理人员安排,施工现场与生产、技术准备情况,任务的具体划分,施工组织计划等。其次才是施工方案的确定。其步骤如下。

(1)主要按照施工段的顺序进行编制,包括定位放线、基础、主体、屋面、装饰装修分部工程,列出其中重要的分项工程,如土方开挖与回填、模板、钢筋、混凝土、砖砌体、抹灰等,将这些分项工程的具体规范要求结合质量验收标准较详细地罗列明确,以便指导施工。

(2)编制时,要注意把工程所有的分部工程(基础、主体、建筑装饰装修、屋面、给排水、电气等)全部涵盖,不要有遗漏。一般大型工程或超过两层的工程还需要编制脚手架搭设方案,临时用电方案。

任务 3.2　编制单位工程的施工方案

选择合理的施工方案是单位工程施工组织设计的核心。它包括工程开展的先后顺序和施工流水的安排和组织、施工段的划分、施工方法和施工机械的选择、特殊部位施工技术措施、施工质量和安全保证措施等。这些都必须在熟悉施工图纸,明确工程特点和施工任务,充分研究施工条件,正确进行技术经济比较的基础上做出决定。施工方案的合理与否直接影响到工程的施工成本、工期、质量和安全效果,因此必须予以重视。

3.2.1　熟悉图纸、确定施工程序

1. 熟悉图纸

熟悉设计资料和施工条件,需审核施工图纸、领会设计意图,明确工程内容、分析工程特点,均是必不可少的重要环节,一般应着重注意以下几方面。

(1)核对设计计算的假定和采用的处理方法是否符合实际情况;施工时是否具有足够的稳定性,对保证安全施工有无影响。

(2)核对设计是否符合施工条件。如需要采取特殊施工方法和特殊技术时,核对技术以及设备条件能否达到要求。

(3)核对结合生产工艺和使用上的特点,对建筑安装施工有哪些技术要求,施工能否满足设计规定的质量标准。

（4）核对有无特殊材料要求，品种、规格数量能否解决。

（5）审查是否有特殊结构、构件或材料试验。

（6）核对图纸说明有无矛盾、是否齐全、规定是否明确。

（7）核对主要尺寸、位置、标高有无错误。

（8）核对土建和设备安装图纸有无矛盾，施工时如何交叉衔接。

（9）通过熟悉图纸明确场外制备工程项目。

（10）通过熟悉图纸确定与单位工程施工有关的准备工作项目。

在有关施工人员认真阅读图纸、充分准备的基础上，召开设计、建设、施工（包括协作施工）、监理和科研（必要时）单位参加的"图纸会审"会议。设计人员向施工人员作技术交底，讲清设计意图和对施工的主要要求。有关施工人员应对施工图纸及工程有关的问题提出质询，通过各方认真讨论后，逐一做出决定并详细记录。对于图纸会审中所提出的问题和合理建议，如需变更设计或做补充设计时，应办理设计变更签证手续。未经设计单位同意，施工单位不得随意修改设计。

明确施工任务之后，还必须充分研究施工条件和有关工程资料，如施工现场"三通一平"条件；劳动力和主要建筑材料、构件、加工品的供应条件；施工机械和模具的供应条件；施工现场地质、水文补充勘察资料；现行施工技术规范以及施工组织设计；上级主管部门对该单位工程施工所做的有关规定和指示等。只有这样，才能制订出一个符合客观实际情况、施工可行、技术先进和经济合理的施工方案。

2. 确定施工程序

施工程序是指单位工程中各分部工程或施工阶段施工的先后次序及其制约关系。工程施工除受自然条件和物质条件等的制约外，同时它在不同阶段的不同的施工过程必须按照其客观存在的、不可违背的先后次序渐进地开展，它们之间既相互联系又不可替代，更不容许前后倒置或跳跃施工。在工程施工中，必须遵守先地下、后地上，先主体、后围护，先结构、后装饰，先土建、后设备的一般原则，结合具体工程的建筑结构特征、施工条件和建设要求，合理确定建筑物各楼层、各单元（跨）的施工顺序、施工段的划分，各主要施工过程的流水方向等。

3.2.2　确定施工流程

施工流程是指单位工程在平面或空间上施工的部位及其展开方向。施工流程主要解决单个建（构）筑物在空间上按合理顺序施工的问题。对单层建筑应分区分段确定平面上的施工起点与流向；对多层建筑除要考虑平面上的起点与流向外，还要考虑竖向上的起点与流向。施工流程涉及一系列施工活动的开展和进程，是施工组织中不可或缺的一环（见图3-1）。

对于单层建筑物，如单层厂房，按其车间、工段，分区分段地确定平面上的施工流向。对于多层建筑物，除了确定每层平面上的施工流向外，还要确定竖向的施工流向。

思考：多层房屋内墙抹灰施工采用自上而下还是自下而上的顺序进行？

确定单位工程的施工流程时，应考虑以下几个方面。

（1）建筑物的生产工艺流程上需先期投入使用的，应先施工。

（2）建设单位对生产和使用的要求，一般应考虑建设单位对生产和使用要求急的工段

（a）基础工程

（b）主体工程

（c）屋面防水

（d）装修工程

图 3-1　施工顺序举例

或部位先进行施工。

（3）平面上各部分施工的繁简程度，如地下工程中深度较大或地质条件复杂、设备安装工程的技术复杂、工期较长的分部分项工程优先施工。

（4）房屋高低层和高低跨，应从高低层或从高低跨并列处开始施工。例如，在高低层并列的多层建筑物中，应先施工层数多的区段；在高低跨并列的单层工业厂房结构安装时，应从高低跨并列处开始吊装。

（5）施工现场条件和施工方案，施工现场场地大小道路布置和施工方案所采用的施工方法及施工机械也是确定施工流程的主要因素。例如，土方工程施工时，边开挖边把土外运，则施工起点应定在远离道路的一端，由远及近地展开施工。

（6）施工组织中分层分段划分施工段的部位（如变形缝）也是决定施工流程的因素。

（7）分部工程或施工阶段的特点及其相互关系，例如，基础工程选择的施工机械不同，其平面的施工流程也不同；主体结构工程在平面上的施工流程则无要求，从哪侧开始均可，但竖向施工一般应自下而上施工；装饰工程的竖向施工流程则比较复杂，室外装饰一般采用自上而下的施工流程，室内装饰分别有自上而下、自下而上、自中而下再自上而中三种施工流程，具体如下。

①室内装饰工程自上而下的施工流程，是指主体工程及屋面防水层完工后，从顶层往底层依次逐层向下进行。其施工流程又可分为水平向下和垂直向下两种，通常采用水平向下的施工流程，如图 3-2 所示。采用自上而下施工流程的优点是：可以使房屋主体结构完成后，有足够的沉降和收缩期，沉降变化趋向稳定，这样可保证屋面防水工程质量，不易产生屋

面渗漏，也能保证室内装修质量，可以减少或避免各工作互相交叉，便于组织施工，有利于施工安全，而且方便楼层清理。其缺点是：不能与主体工程及屋面工程施工搭接，故总工期相应较长。

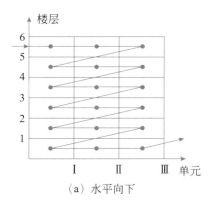
（a）水平向下

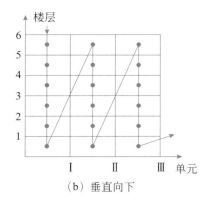
（b）垂直向下

图 3-2　自上而下的施工方向

② 室内装饰工程自下而上的施工流程，是指主体结构施工到三层及三层以上时（有两层楼板，以确保底层施工安全），室内装饰从底层开始逐层向上进行，一般与主体结构平行搭接施工。其施工流程又可分为水平向上和垂直向上两种，通常采用水平向上的施工流程，如图 3-3 所示。为了防止雨水或施工用水从上层楼板渗漏而影响装修质量，应先做好上层楼板的面层，再进行本层顶棚、墙面、楼、地面的饰面施工。该方案的优点是：可以与主体结构平行搭接施工，从而缩短工期。其缺点是：同时施工的工序多、人员多、工序间交叉作业多，要采取必要的安全措施；材料供应集中，施工机具负担重，现场施工组织和管理比较复杂。因此，只有当工期紧迫时，才会考虑本方案。

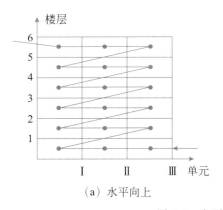
（a）水平向上

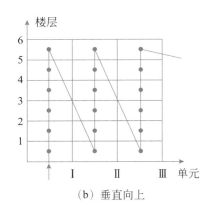
（b）垂直向上

图 3-3　自下而上的施工方向

③ 室内装饰工程自中而下再自上而中的施工流程，是指主体结构进行到中部后，室内装饰从中部开始向下进行，再从顶层向中部施工。它集前两者优点，适用于中、高层建筑的室内装饰工程施工。

分部工程的施工阶段关系密切时，一旦前面的施工流程确定，就决定了后续的施工流程。

3.2.3　确定施工顺序

施工顺序是指分项工程或工序间施工的先后次序,根据以下六个方面来确定。

(1) 施工工艺的要求。各种施工过程之间客观存在着工艺顺序关系,它随着房屋结构和构造的不同而不同。在确定施工顺序时,必须服从这种关系。例如,当建筑物采用装配式钢筋混凝土内柱和外墙承重的多层房屋时,由于大梁和楼板的一端是支承在外墙上,所以应先把墙砌到一层楼高度之后,再安装梁板。

(2) 施工方法和施工机械的要求。不同施工方法和施工机械会使施工过程的先后顺序有所不同。例如,在建造装配式单层工业厂房时,如果采用分件吊装法,施工顺序应该是先吊柱,再吊吊车梁,最后吊屋架和屋面板;如果采用综合吊装方法,则施工顺序应该是吊装完一个节间的柱、吊车梁、屋架和屋面板之后,再吊装另一个节间的构件。又如在安装装配式多层多跨工业厂房时,如果采用的机械为塔式起重机,则可以自下而上逐层吊装。如果采用桅杆式起重机,则可把整个房屋在平面上划分成若干单元,由下而上地吊完一个单元构件,再吊下一个单元的构件。

(3) 施工组织的要求。除施工工艺机械设备等的要求外,施工组织也会引起施工先后顺序的不同。例如,地下室的混凝土地坪,可以在地下室的上层楼板铺设以前施工,也可以在上层楼板铺设以后施工。但从施工组织的角度来看,前一方案比较合理,因为便于利用安装楼板的起重机向地下室运送混凝土。又如在建造某些重型车间时,由于这种车间内通常都有较大较深的设备基础,如先建造厂房,然后建造设备基础,在设备基础挖土时可能破坏厂房的柱基础,在这种情况下,必须先进行设备基础的施工,然后进行厂房柱基础的施工,或者两者同时施工。

(4) 施工质量的要求。施工过程的顺序直接影响到工程质量。例如,基础的回填土,特别是从一侧进行的回填土,必须在砌体达到必要的强度以后才能开始,否则砌体的质量会受到影响。又如工业厂房的卷材屋面,一般应在天窗嵌好玻璃之后铺设,否则,卷材容易受到损坏。

(5) 工程所在地气候的要求。不同地区的气候特点不同,安排施工过程应考虑到气候特点对工程的影响。例如,在华东、中南地区施工时,应当考虑雨期施工的特点。土方、砌墙、屋面等工程应当尽量安排在雨季和冬季到来之前施工,而室内工程则可以适当推后。

(6) 安全技术的要求。合理的施工顺序,必须使各施工过程的搭接不至于引起安全事故。例如,不能在同一施工段上一边铺屋面板,一边进行其他作业。又如多层房屋施工时,只有在已经有层间楼板或坚固的临时铺板把一个个楼层分隔开的条件下,才允许同时在各个楼层展开工作。

3.2.4　选择施工方法和施工机械

正确拟定施工方法和选择施工机械是施工方案的核心内容,它直接影响工程施工的工期、施工质量和安全,以及工程的施工成本。一个工程的施工过程、施工方法和施工机械均可采用多种形式。施工组织设计就是要在若干个可行方案中选取适合客观实际、较先进合理且最经济的施工方案。

确定施工方法的重点。施工方法的选择,对常规做法和工人熟悉的项目,不必详细拟定,可只提具体要求。但对影响整个单位工程的分部分项工程,如工程量大、施工技术复杂或采用新技术、新工艺及对工程质量起关键作用的分部分项工程应着重考虑。

主要分部工程施工方法要点。在施工组织设计中明确施工方法主要是指经过决策选择采纳的施工方法,比如降水采用轻型井点降水还是井点降水;护坡采用护坡桩、桩锚组合护坡还是喷锚护坡;墙柱模板采用木模板还是钢模板,是整体式大模板还是组拼式模板,模板的支撑体系如何选用;电梯井筒、雨篷阳台、门窗洞口、预留洞模板采用何种形式;钢筋连接形式如何,钢筋加工方式、钢筋保护层厚度要求及控制措施;混凝土浇筑方式,商品混凝土的试配,拆模强度控制要求、养护方法、试块的制作管理方法等。这些施工方法应该与工程实际紧密结合,能够指导施工。

1. 土方工程

确定基坑、基槽土方开挖方法、工作面宽度、放坡坡度、土壁支撑形式,所需人工、机械的数量。

(1) 开挖方法。

人工挖土:适用于开挖工程量不大的情况。

机械挖土:采用机械挖土时,根据土方工程量计算挖掘机、运输车型号和数量。正铲挖掘机适用于停机面以下挖土;反铲挖掘机适用于停机面以上挖土;拉铲挖掘机适用于大面积场地平整;抓铲挖掘机适用于水下挖土。

(2) 支护方法。

自然放坡:适用于挖土深度不大,土质较好,有放坡工作面的情况。

土钉墙:适用于开挖深度 12m 内,基坑安全等级二、三级的情况。

逆作拱墙:适用于开挖深度 12m 内,有形成拱的工作面,基坑安全等级二、三级、土质非淤泥土的情况。

水泥土墙:适用于基坑深度 6m 内,基坑安全等级二、三级的情况。

排桩或地下连续墙:适用于基坑安全等级一、二、三级的情况,根据《建筑基坑支护技术规程》(JGJ 120—2012)设计计算。

(3) 余土外运方法,所需机械的型号和数量。

(4) 地下、地表水的排水方式,排水沟、集水井、井点的布置,所需设备的型号和数量。降排水方法如下。

① 积水明排:设置集水井、排水沟,抽出地下水。

② 降水:分为管井降水、真空井点降水和喷射井点降水。

③ 截水:一般与降水配合使用,确保周边地下水位不受影响。

④ 回灌:一般与降水配合使用,确保周边地下水位不受影响。根据《建筑基坑支护技术规程》(JGJ 120—2012)设计计算。

2. 基础工程

(1) 桩基础施工中应根据桩型及工期,选择所需机具的型号和数量。

(2) 浅基础施工中应根据垫层、承台、基础的施工要点,选择所需机具的型号和数量。

(3) 地下室施工中应根据防水要求,留置、处理施工缝,大体积混凝土的浇筑要点、模板及支撑要求,选择所需机具的型号和数量。

3. 砌筑工程

(1)砌筑工程中根据砌体的砌筑方式、砌筑方法及质量要求,进行弹线、立皮数杆、标高控制和轴线引测。

(2)选择砌筑工程中所需机具的型号和数量。

① 砂浆制备方法。

现场搅拌:适用于地方材料充足、搅拌制度完善的情况。

预拌砂浆:具有占地少、使用方便的特点。

砌筑砂浆方式应根据现场条件、工程情况选取。组砌方法:包括全顺法、全丁法、三顺一丁、梅花丁等。施工方法:包括三一砌筑法、铺浆法等。组砌方法及施工方法应根据现场条件、工程情况,结合《砌体结构工程施工质量验收规范》(GB 50203—2011)选取。

② 脚手架的选择。

落地脚手架:常用于低层建筑,地基承载力好的小高层建筑。

悬挑脚手架:常用于小高层及高层建筑。

附着升降脚手架:常用于高层及超高层建筑。

脚手架应根据现场条件、工程情况选取,按《建筑施工扣件式钢管脚手架安全技术规范》(JGJ 130—2011)或《建筑施工附着升降脚手架安全技术规程》(DGJ 08-19905—1999)进行计算。

4. 钢筋混凝土工程

确定模板类型及支模方法,进行模板支撑设计。确定钢筋的加工、绑扎、焊接方法,选择所需机具的型号和数量。确定混凝土的搅拌、运输、浇筑、振捣、养护,施工缝的留置和处理,选择所需机具的型号和数量。确定预应力钢筋混凝土的施工方法,选择所需机具的型号和数量。

1)钢筋加工方法

现场机械加工:适用于企业有加工机械的情况,具有用工量大的特点。

现场数控加工:具有用工量少,加工精度高,速度快的特点。

成品钢筋加工配送:具有工业化程度高的特点。

钢筋加工方法应根据企业自身条件和市场情况加以选择。

2)钢筋安装方法

预制骨架,现场安装:工期短、用工较少,安装需吊装设备配合。

现场绑扎:用工较多,工期较长,不受作业条件限制。

钢筋安装方法应根据现场作业条件和钢筋安装复杂程度确定。

3)钢筋连接方法

机械连接:现场冷作业,速度快,成本较低。

焊接连接:成本低,适用于抗震等级二、三级和非抗震的情况。

绑扎搭接:小直径成本低,大直径成本高。

连接方法应根据《钢筋机械连接技术规程》(JGJ 107—2016)、《钢筋焊接及验收规程》(JGJ 18—2012)及《混凝土结构工程施工规范》(GB 50666—2011),并结合自身和市场条件确定。

4）模板的选择

小钢模散拼散拆：观感差，用工量大，周转次数多。

竹（木）胶合板模板：观感较好，用工量大，周转次数少。

全钢大模板/钢框胶合板模板：观感好，用工量较少，周转次数多。

铝合金模板：观感好，用工量少，周转次数最多，一次性投入大。

塑料模板：观感好，用工量多，周转次数较多。

特种模板：包括滑模、爬模、飞模等，适用于特种工程、超高层建筑。

模板应根据结构形式、周转次数、复杂程度结合市场条件选择，并结合《建筑施工模板安全技术规范》（JGJ 162—2008）进行计算。

模板支撑体系的选择。模板支撑体系包括钢管件支撑体系、碗扣式支撑体系、门式脚手架支撑体系、盘销式支撑体系、插接式支撑体系等。其选择应根据结构形式、周转次数、复杂程度并结合市场条件选择，可通过《建筑施工模板安全技术规范》（JGJ 162—2008）等规范进行计算。

5）混凝土输送方法

人工输送：采用手推车，运输最慢。

塔式起重机吊运：速度较慢。

固定泵泵送：速度较快。

移动泵泵送：速度快，受现场条件影响。

输送方法应根据现场条件、工程情况、市场情况选取，并根据一次浇筑混凝土量计算混凝土运输车、移动泵或固定泵的数量。

6）混凝土浇筑方法

分层浇筑：适合墙、柱等竖向构件。

依次浇筑：适合梁、板等水平构件。

整体分层浇筑：适合大体积混凝土，且平面尺寸不宜太大。

斜面分层浇筑：适合大体积混凝土。

浇筑方法应根据现场条件、工程情况选取，大体积混凝土浇筑时需计算分层间隔时间，其不应大于混凝土凝结时间。

7）混凝土振捣机械

振捣棒振捣：适合竖向结构及较厚的梁、板等结构。

平板振捣器振捣：适合不厚的板，构件表面振捣。

混凝土振捣机械应根据现场条件、工程情况选取，还应考虑所选机械的振捣范围。

8）混凝土养护方法

覆盖养护：根据天气、是否为大体积混凝土、气温选择覆盖材料。

洒水养护：适合表面积不大的水平构件或不能覆盖的竖向构件。

喷洒养护液养护：适用于缺水地区的混凝土养护。

另外，冬期施工、大体积混凝土需进行温度计算。

5. 结构吊装工程

确定构件的预制、运输及堆放要求，选择所需机具的型号和数量。

确定构件的吊装方法，选择所需机具的型号和数量。

1）吊装机械的选择

汽车起重机：行走不便，不可吊物行走。

履带起重机：转弯灵活，可吊物行走。

吊装机械应根据条件、工程情况选取，需进行停机点和起重量计算。

2）吊点布置的选择

两点布置：适用于体积较小的构件，应防止失稳。

四点布置：适用于体积较大的构件。

吊点布置应根据现场条件、工程情况选取，需经过计算确定构件重心。

6. 屋面工程

确定屋面工程防水层的做法、施工方法，选择所需机具的型号和数量。

确定屋面工程施工中所用材料及运输方式。

屋面工程常用铺贴方法如下。

（1）热熔法：适用于高聚物改性沥青卷材。

（2）冷粘法：适用于合成高分子卷材及厚度 3mm 以下的高聚物改性沥青卷材，包括以下几种方法。

空铺法：底板垫层上铺卷材，只与基层在周边一定宽度内黏结的施工方法。

点粘法：底板垫层上铺卷材，采用点状黏结的施工方法。

满粘法：适用于其他与混凝土接触部位。

（3）自粘法：适用于自粘型卷材。

（4）焊接法：适用于 APP 塑料卷材。

（5）机械固定法：适用于钢结构屋面等。

铺贴方法应根据《屋面工程技术规范》（GB 50345—2012）选取。

7. 装修工程

（1）室内外装修工艺的确定。

（2）确定工艺流程和流水施工的安排。

（3）装修材料的场内运输，减少二次搬运的措施。

8. 现场垂直运输、水平运输及脚手架等搭设

（1）确定垂直运输及水平运输方式、布置位置、开行路线，选择垂直运输及水平运输机具型号和数量。

（2）根据不同建筑类型，确定脚手架所用材料、搭设方法及安全网的挂设方法。

常用垂直运输机具如下。

（1）物料提升机：适用于低层建筑，地基承载力好的小高层建筑。

（2）塔式起重机：适用于小高层及高层建筑。

（3）施工电梯：适用于高层建筑。

其应根据现场条件、工程情况选取。

9. 特殊项目

（1）对"四新"项目，高耸、大跨、重型构件，水下、深基础、软弱地基及冬期施工项目均应单独编制。单独编制的内容施工方案包括：工程平、立、剖面示意图，工程量，施工方法，工艺流程,劳动组织,施工进度,技术要求与质量,安全措施;材料、构件、机具设备需要量。

（2）大型土方工程、桩基工程、构件吊装等,均需确定单项工程施工方法与技术组织措施。

学习笔记

任务练习

一、单项选择题

1. 单位工程施工组织设计一般由（　　）负责编制。

    A. 建设单位的负责人　　　　　　B. 施工单位的工程项目主管工程师

    C. 施工单位的项目经理　　　　　D. 施工员

2. 单位工程施工组织设计必须在开工前编制完成，并应经（　　）批准后方可实施。

    A. 建设单位　　　　　　　　　　B. 项目经理

    C. 设计单位　　　　　　　　　　D. 总监理工程师

3. 单位工程施工方案主要确定（　　）的施工顺序、施工方法和选择适用的施工机械。

    A. 单项工程　　　　　　　　　　B. 单位工程

    C. 分部分项工程　　　　　　　　D. 施工过程

4. （　　）是选择施工方案首先要考虑的问题。

    A. 确定施工顺序　　　　　　　　B. 确定施工方法

    C. 划分施工段　　　　　　　　　D. 选择施工机械

5. 内外装修之间最常用的施工顺序是（　　）。

    A. 先内后外　　　　　　　　　　B. 先外后内

    C. 同时进行　　　　　　　　　　D. 没有要求

6. 室外装修工程一般采用（　　）的施工流向。

    A. 自上而下　　　　　　　　　　B. 自下而上

    C. 没有要求　　　　　　　　　　D. 自左而右

二、多项选择题

1. 单位工程施工组织设计编制的依据有（　　）。

    A. 经过会审的施工图　　　　　　B. 施工现场的勘测资料

    C. 建设单位的总投资计划　　　　D. 施工企业年度施工计划

    E. 施工组织总设计

2. 单位工程施工组织设计的核心内容是（　　）。

    A. 工程概况　　　　　　　　　　B. 施工方案

    C. 施工进度计划　　　　　　　　D. 施工平面布置图

    E. 技术经济指标

3. 单位工程施工组织设计的技术经济指标主要包括（　　）。

    A. 工期指标　　　　　　　　　　B. 质量指标

    C. 安全指标　　　　　　　　　　D. 环境指标

    E. 进度指标

4. "三通一平"是指（　　）。

    A. 水通　　　　　　　　　　　　B. 路通

    C. 通电　　　　　　　　　　　　D. 平整场地

    E. 气通

5. 确定施工顺序应遵循的基本原则有(　　)。
   A. 先地下后地上　　　　　　　　B. 先主体后围护
   C. 先结构后装修　　　　　　　　D. 先土建后设备
   E. 先楼体后绿化

6. 确定施工顺序的基本要求有(　　)。
   A. 符合施工工艺　　　　　　　　B. 与施工方法协调
   C. 考虑施工成本要求　　　　　　D. 考虑施工质量要求
   E. 考虑施工安全要求

7. 室内装修工程一般采用(　　)施工流向。
   A. 自上而下　　　　　　　　　　B. 自下而上
   C. 自下而中再自上而中　　　　　D. 自下而中再自中而上
   E. 自左至右

8. 室内装修同一楼层顶棚、墙面、地面之间施工顺序一般采用(　　)两种。
   A. 顶棚→墙面→地面　　　　　　B. 顶棚→地面→墙面
   C. 地面→墙面→顶棚　　　　　　D. 地面→顶棚→墙面
   E. 墙面→地面→顶棚

9. (　　)是单位工程施工组织设计的重要环节,是决定整个工程全局的关键。
   A. 工程概况　　　　　　　　　　B. 施工方案
   C. 施工进度计划　　　　　　　　D. 施工平面布置图
   E. 技术经济指标

项目 4 单位工程施工现场总平面布置

1. 了解单位工程施工现场布置图的设计依据。
2. 熟悉单位工程施工现场布置图的设计内容。
3. 掌握单位工程施工现场布置图的设计原则。
4. 熟悉单位工程施工现场布置图的设计步骤。
5. 掌握施工现场平面布置的基础知识和规范要求。

能力目标

1. 能阐述单位工程施工现场布置图的设计内容。
2. 能对施工现场平面布置图进行优化。
3. 能结合给定的实际条件设计施工现场布置图。
4. 能运用 CAD 软件进行施工现场平面布置图的绘制。

课程思政

1. 培养学生分析问题、解决问题的能力。
2. 培养学生科学严谨的工作态度。
3. 培养学生的团队合作精神和组织协调能力。

任务 4.1 单位工程施工现场平面布置分析

施工总平面图是拟建项目施工场地的总布置图。它是按照施工部署、施工方案和施工总进度计划的要求绘制的。它对施工现场的交通道路、材料仓库、附属生产或加工企业、临时建筑和临时水、电、管线等进行合理规划和布置,并用图纸的形式表达出来,从而正确处理全工地施工期间所需的各项设施与永久建筑、拟建工程之间的空间关系,指导现场进行有组织、有计划的文明施工。

4.1.1 单位工程施工现场布置图的设计原则

(1) 在保证施工顺利进行的前提下,现场应布置紧凑、节约用地、便于管理,并减少施工用的管线,降低成本。

（2）短运输、少搬运。各种材料尽可能按计划分期分批进场,充分利用场地,合理规划各项施工设施,科学规划施工道路,尽量使运距最短,从而减少二次搬运费用。

（3）施工区域的划分和场地的临时占用应符合总体施工部署和施工流程的要求,减少相互干扰。

（4）控制临时设施规模、降低临时设施费用。尽量利用施工现场附近的原有建筑物、构筑物为施工服务,尽量采用装配式设施提高安装速度。

（5）各项临时设施布置时,要有利于生产、方便生活,施工区与居住区要分开。

（6）符合劳动保护、安全、消防、环保、文明施工等要求。

（7）遵守当地主管部门和建设单位关于施工现场安全文明施工的相关规定。

4.1.2　单位工程施工现场布置图的设计依据

单位工程施工现场布置图的设计依据如下。

（1）各种设计资料,包括建筑总平面图、地形地貌图、区域规划图、建筑项目范围内有关的已建和拟建的各种设施的位置。

（2）建设地区的自然条件和技术经济条件。

（3）建设项目的建筑概况、施工方案、施工进度计划,以便了解各施工阶段情况,合理规划施工场地。

（4）各种建筑材料、构件、加工品、施工机械和运输工具需要量一览表,以便规划工地内部的储放场地和运输线路。

（5）各构件加工厂规模、仓库及其他临时设施的数量和外廓尺寸。

（6）根据项目总体施工部署,绘制现场不同施工阶段（期）的总平面布置图。

（7）施工总平面布置图的绘制应符合国家相关标准要求,并附必要说明。

4.1.3　单位工程施工现场平面图的设计内容

根据单位工程所包含的施工阶段（如基础施工阶段、主体结构施工阶段、装饰装修施工阶段）需要分别绘制施工平面图,并应符合国家有关制图标准,通常按照1∶500~1∶200的比例绘制,图幅不宜小于A3尺寸。一般单位工程施工平面图包括以下内容。

（1）单位工程施工区域范围内的已建和拟建的地上、地下建筑物及构筑物,周边道路、河流等,平面图的指北针、风向玫瑰图、图例等。

（2）拟建工程施工所需起重与运输机械（塔式起重机、井架、施工电梯等）、混凝土浇筑设备（地泵、汽车泵等）、其他大型机械等位置及其主要尺寸,起重机械的开行路线和方向等。

（3）测量轴线及定位线标志,测量放线桩及永久水准点位置,地形等高线和土方取、弃场地。

（4）材料及构件堆场。大宗施工材料的堆场（钢筋堆场、钢构件堆场）、预制构件堆场、周转材料堆场。

（5）生产及生活临时设施。钢筋加工棚、木工棚、机修棚、混凝土拌和楼（站）、仓库、工具房、办公用房、宿舍、食堂、浴室、门卫室、围墙、文化服务房。

（6）临时供电、供水、供热等管线的布置；水源、电源、变压器位置确定；现场排水沟渠及排水方向等。

（7）施工运输道路的布置、宽度和尺寸；临时便桥、现场出入口、引入的铁路、公路和航道的位置。

（8）劳动保护、安全、防火及防洪设施布置以及其他需要布置的内容。

任务 4.2　单位工程施工现场平面布置

4.2.1　单位工程施工现场布置图设计步骤

单位工程施工现场布置图设计步骤为：场外交通道路引入→材料堆场、仓库和加工厂布置→搅拌站布置→场内运输道路布置→垂直运输机械布置→行政与生活临时设施布置→临时水、电管网布置→绘制施工平面布置图，如图 4-1 所示。

微课：施工区的布置

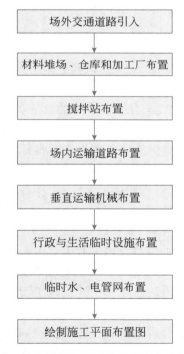

场外交通道路引入

材料堆场、仓库和加工厂布置

搅拌站布置

场内运输道路布置

垂直运输机械布置

行政与生活临时设施布置

临时水、电管网布置

绘制施工平面布置图

图 4-1　单位工程施工现场布置图的设计步骤

1. 场外交通道路引入

场外交通道路的引入是指将地区或市政交通路线引至施工场区入口处。设计全工地性施工总平面图时，首先应考虑大宗材料、成品、半成品、设备等进入工地的运输方式。

（1）铁路运输。当大量物资由铁路运入时，应首先解决铁路由何处引入及如何布置的问题。一般大型工业企业厂区内都设有永久性铁路专用线,通常可将其提前修建,以便为工程施工服务。但由于铁路的引入将严重影响场内施工的运输和安全,因此,引入点应靠近工地的一侧或两侧。仅当大型工地分为若干个独立的工区进行施工时,铁路才可引入工地中央。此时,铁路应位于每个工区的旁侧。

(2)水路运输。当大量物资由水路运入时,应首先考虑原有码头的运用和是否增设专用码头。要充分利用原有码头的吞吐能力。当需要增设码头时,卸货码头不应少于两个,且宽度应大于 2.5m,一般用石或钢筋混凝土结构建造。

(3)公路运输。当大量物资由公路运入时,一般先将仓库、加工厂等生产性临时设施布置在最经济、合理的地方,然后再布置通向场外的公路线。

2. 材料堆场、仓库和加工厂布置

施工组织总设计中主要考虑那些需要集中供应的材料和加工件的场(厂)库的布置位置和面积。不需要集中供应的材料和加工件,可放到各单位工程施工组织设计中去考虑。

各种加工厂布置,应以方便使用、安全防水、运输费用最少、不影响工程施工的正常进行为原则。一般应将加工厂集中布置在同一地区,且处于工地边缘。各种加工厂应与相应的仓库或材料堆场布置在同一地区。

(1)预制件加工厂应尽量利用建设地区的永久性加工厂。只有在其生产能力不能满足工程需要时,才考虑在现场设置临时预制件厂,最好布置在建设场地中的空闲地带。

(2)钢筋加工厂可集中或分散布置,视工地具体情况而定。对于需冷加工、对焊、点焊钢筋骨架和大片钢筋网时,宜采用集中布置加工;对于小型加工、小批量生产和利用简单机具能成型的钢筋的加工,宜采用就近的钢筋加工棚进行。

(3)木材加工厂设置与否,是集中设置还是分散设置,设置规模大小,应视建设地区内有无可供利用的木材加工厂而定。如建设地区无可供利用的木材加工厂,而锯材、标准门窗、标准模板等加工量又很大时,应集中布置木材联合加工厂。对于非标准件的加工与模板修理工作等,可在工地附近设置的临时工棚进行分散加工。

(4)金属结构、锻工、电焊和机修等车间,由于它们在生产工艺上联系较紧密,应尽可能布置在一起。

3. 搅拌站布置

工地混凝土搅拌站有集中、分散、集中与分散布置相结合三种布置方式。当运输条件较好时,采用集中布置较好;当运输条件较差时,以分散布置在使用地点或井架等附近为宜。一般当砂、石等材料由铁路或水路运入,而且现场又有足够的混凝土输送设备时,宜采用集中布置方式。若利用城市的商品混凝土搅拌站,只要考虑其供应能力和输送设备能否满足需要,并及时做好订货联系即可,工地则可不考虑布置搅拌站。除此之外,还可采用集中和分散相结合的方式。

砂浆、混凝土搅拌站位置取决于垂直运输机械,布置搅拌机时应考虑以下因素。

(1)搅拌机应有后台上料的场地,尤其是混凝土搅拌站,要考虑与砂石堆场、水泥库一起布置,既要相互靠近,又要便于大宗材料的运输和装卸。

(2)搅拌站应尽可能布置在垂直运输机械附近,以减少混凝土及砂浆的水平运距。当采用塔式起重机方案时,混凝土搅拌机的位置应使吊斗能从其出料口直接卸料并挂钩起吊。

(3)搅拌机应设置在施工道路旁,使小车、翻斗车运输方便。

（4）搅拌站场地四周应设置排水沟，以有利于清洗机械和排除污水，避免造成现场积水。

（5）混凝土搅拌机所需面积约为 $25m^2$，砂浆搅拌机所需面积约为 $15m^2$，冬期施工还应考虑保温与供热设施等，其面积要相应增加。

4. 场内运输道路布置

根据加工厂、仓库和各施工对象的相对位置，研究货物转运图，区分主要道路和次要道路，进行道路的规划。规划厂区内道路时，应考虑以下几点。

（1）合理规划临时道路与地下管网的施工程序。在规划临时道路时，应充分利用拟建的永久性道路，提前修建永久性道路或者先修路基和简易路面。

（2）保证运输畅通。道路应有两个以上的出口，道路末端应设置回车场，且尽量避免与铁路交叉。厂内道路干线应采用环形布置。主要道路宜采用双车道，次要道路可以采用单车道。

（3）选择合理的路面结构。一般场外与省市级公路相连的干线，因其将来会成永久性道路，所以一开始就修成混凝土路面；场内干线和施工机械行驶路线，最好采用砂石级配路面；场内支线一般为土路或砂石路。

5. 垂直运输机械布置

垂直运输机械的布置应根据施工部署和施工方案所确定的内容而定，一般来说，小型垂直运输机械可由单位工程施工组织设计或分部工程作业计划做出具体安排，施工组织总设计一般根据工程特点和规模，仅考虑为全场服务的大型垂直运输机械的布置。

垂直运输机械的位置直接影响仓库、搅拌站、材料堆场、预制构件堆放位置，以及场内道路、水电管网的布置，因此应首先给予考虑。

起重机械包括塔式起重机、龙门架、井架、外用施工电梯等。选择起重机械时，主要依据机械性能、建筑物平面形状和大小、施工段划分情况、起重高度、材料和构件的重量、材料供应和运输道路等情况来确定。

《建设工程安全生产管理条例》中第二十八条规定：施工单位应当在施工现场入口处、施工起重机械、临时用电设施、脚手架、出入通道口、楼梯口、孔洞口、桥梁口、隧道口、基坑边沿、爆破物及有害危险气体和液体存放处等危险部位，设置明显的安全警示标志。安全警示标志必须符合国家标准。

1）塔式起重机的布置

塔式起重机是集起重、垂直提升、水平运输三种功能于一身的机械设备。按其在工地上使用架设的要求不同，分为固定式、轨道式、附着式、内爬式。塔式起重机布置的注意事项如下。

（1）保证起重机械利用最大化，即覆盖半径最大化，并能充分发挥塔式起重机的各项性能。

（2）保证塔式起重机使用安全，其位置应考虑塔式起重机与建筑物（拟建建筑物和周边建筑物）间的安全距离、塔式起重机安拆的安全施工条件等。塔式起重机尾部与其外围脚手架的安全距离如图 4-2 所示，群塔施工的安全距离如图 4-3 所示，塔式起重机和架空线边线的最小安全距离如表 4-1 所示。

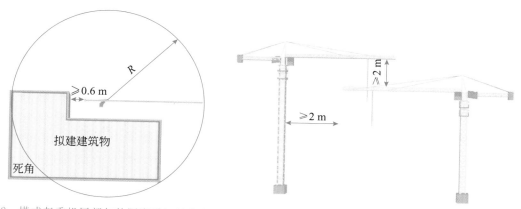

图 4-2　塔式起重机尾部与外围脚手架的安全距离　　　　图 4-3　群塔施工的安全距离

表 4-1　塔式起重机和架空线边线的最小安全距离

安全距离/m	电压/kV				
	<1	1～15	20～40	60～110	220
沿垂直方向	1.5	3.0	4.0	5.0	6.0
沿水平方向	1.5	2.0	3.5	4.0	6.0

（3）保证安拆方便，根据四周场地条件、场地内施工道路，考虑安拆的可行性和便利性。

（4）尽可能避免塔式起重机二次或多次移位。

（5）尽量使用企业自有塔式起重机，不能满足施工要求时采用租赁方式解决。

注意

《建筑施工塔式起重机安装、使用、拆卸安全技术规程》(JGJ 196—2010)规定，当多台塔式起重机在同一施工现场交叉作业时，应编制专项施工方案，并应采取防碰撞的安全措施。任意两台塔式起重机之间的最小架设距离应符合下列规定。

① 低位塔式起重机的起重臂端部与另一台塔式起重机的塔身之间的距离不得小于 2m。

② 高位塔式起重机最低位置的部件(或吊钩升至最高点或平衡重的最低部位)与低位塔式起重机中处于最高位置部件之间的垂直距离不得小于 2m。

塔式起重机起重高度可按式(4-1)计算，计算简图如图 4-4 所示。

$$H = h_1 + h_2 + h_3 + h_4 \tag{4-1}$$

式中：H——起重机的起重高度，m；

　　　h_1——建筑物高度，m；

　　　h_2——安全生产高度，m；

　　　h_3——构件最大高度，m；

　　　h_4——索具高度，m。

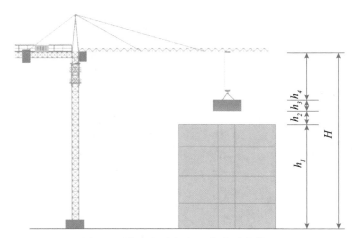

图 4-4　塔式起重机起重高度计算简图

　　2）固定式垂直运输机械的布置

　　固定式垂直运输机械包括井架、龙门架、固定式塔式起重机。布置时应充分发挥设备能力，使地面或楼面上运距最短，主要根据机械的性能、建筑物的平面尺寸、施工段的划分、材料进场方向及运输道路等情况确定。布置时，应考虑以下几个方面。

　　（1）建筑物各部位的高度相同时，固定式起重设备一般布置在施工段的分界线附近或长度方向居中位置；当建筑物各部位的高度不相同或平面较复杂时，应布置在高低跨分界处高的一侧，以避免高低处水平运输施工相互干涉。

　　（2）采用井架、龙门架时，其位置以窗口为宜，以避免砌墙留槎和拆除后墙体修补工作。

　　（3）一般考虑布置在现场较宽的一面，因为这一面便于堆放材料和构件，以达到缩短运距的目的。

　　（4）井架、龙门架的数量要根据施工进度、提升的材料和构件数量、台班工作效率等因素计算确定，其服务范围一般为 50～60m。

　　（5）井架、龙门架的卷扬机应设置安全作业棚，其位置不应距起重机械太近，以便操作人员的视线能看到整个升降过程。一般要求此距离大于建筑物的高度，水平方向距外脚手架 3m 以上。

　　（6）井架应立在外脚手架之外并有一定距离为宜，一般为 5～6m。

　　（7）缆风绳设置，高度在 15m 以下时设一道，15m 以上时每增高 10m 增设一道，宜用钢丝绳，并与地面夹角成 45°，当附着于建筑物时可不设缆风绳。

　　（8）布置固定式塔式起重机时，应考虑塔式起重机安装拆卸的场地。

　　3）外用施工电梯的布置

　　外用施工电梯又称人货两用梯，是一种安装于建筑物外部，施工期间用于运送施工人员及建筑材料的垂直运输机械，是高层建筑施工不可缺少的关键机械设备之一。在确定外用施工电梯的位置时，应考虑便于施工人员上下和物料集散。由电梯口至各施工处的平均距离应最近，便于安装附墙装置，接近电源，且有良好的夜间照明。其他布置注意事项如下。

　　（1）根据建筑物高度、内部特点、电梯机械性能等，选择一次到顶或接力的运输方式。

（2）高层建筑物选择施工电梯，低层建筑物宜选择提升井架。

（3）保证施工电梯的安拆方便及安全的安拆施工条件。

4）自行无轨式起重机械

自行无轨式起重机械一般分为履带式、汽车式和轮胎式三种。自行无轨式起重机械移动方便灵活，能为整个工地服务，一般专作构件装卸和起吊之用，适用于装配式单层工业厂房主体结构的吊装。其吊装的路线及停机位置主要取决于建筑物的平面形状、构件质量、吊装顺序、吊装高度、堆放场地、回转半径和吊装方法等。

汽车起重机由于其灵活性和方便性，在钢结构工程安装中得到了广泛应用，成为中小钢结构工程安装中的首选吊装机械。汽车起重机是装在普通汽车底盘或者特制汽车底盘上的一种起重机，也是一种自行式全回转起重机。

常用的汽车起重机有 Q_1 型（机械传动和操纵）、Q_2 型（全液压式传动和伸缩式起重臂）、Q_3 型（多电动机驱动各工作结构）以及 YD 型随车起重机和 QY（液压传动）系列等。目前液压传动的汽车起重机应用较广泛。

结构吊装工程起重机型号主要根据工程结构特点、构件的外形尺寸、重量、吊装高度、起重（回转）半径以及设备和施工现场条件确定。起重量、起重高度和起重半径为选择起重机型号的三个主要工作参数。

（1）起重机起重量计算。

① 起重机单机吊装的起重量可按式（4-2）计算：

$$Q \geqslant Q_1 + Q_2 \tag{4-2}$$

式中：Q——起重机的起重量，t；

$\quad Q_1$——构件重量，t；

$\quad Q_2$——绑扎锁具、构件加固及临时脚手架等的重量，t。

② 单机吊装的起重机在特殊情况下，当采取一定的有效技术措施（如按起重机实际超载试验数据，在机尾增加配重、改善施工条件等）后，起重量可提高 10% 左右。

结构吊装双抬吊的起重机起重量可按式（4-3）计算。

$$(Q_{主} + Q_{副})K \geqslant Q_1 + Q_2 \tag{4-3}$$

式中：$Q_{主}$——主机起重量，t；

$\quad Q_{副}$——副机起重量，t；

$\quad K$——起重机的降低系数，一般取 0.8。

其他符号意义同前。

双机抬吊构件选用起重机时，应尽量选用两台同类型的起重机，并进行合理的荷载分配。

（2）起重机起重高度计算。起重机的起重高度，可由式（4-4）计算。

$$H \geqslant h_1 + h_2 + h_3 + h_4 \tag{4-4}$$

式中：H——起重机的起重高度，即停机面至吊钩的距离，m；

$\quad h_1$——安装支座表面高度，停机面至安装支座表面的距离，m；

$\quad h_2$——安装对位时的空隙高度，不小于 0.3m；

h_3——绑扎点至构件吊起时底面的距离,m;

h_4——索具高度,m,自绑扎点至吊钩面的距离,视实际情况而定。

（3）起重臂长度计算。超重臂的长度可按式（4-5）计算。

$$L \geqslant L_1 + L_2 = h_1/\sin\alpha + (f+g)/\cos\alpha \qquad (4\text{-}5)$$

式中：L——起重臂的最小长度,m;

h——起重臂下铰点至屋面板吊装支座的垂直高度,$h = h_1 - E$,m;

h_1——停机地面至屋面板吊装支座的高度,m;

f——起重吊钩需跨过已安装构件的水平距离,m;

g——起重臂轴线与已安装构件顶面标高的水平距离,至少取 1m;

α——起重臂仰角,一般取 $70° \sim 77°$。

起重高度、起重臂长度、起重半径计算简图如图 4-5 所示。

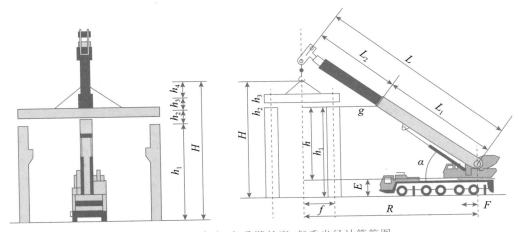

图 4-5　起重高度、起重臂长度、起重半径计算简图

（4）起重机起重半径计算。对于一般中、小型构件,当场地条件较好,已知起重量 Q 和吊装高度 H 后,即可根据起重机的技术性能表和起重曲线选定起重机的型号和需要起重臂杆的长度。对某些安装就位条件差的中、重型构件,起重机不能开到构件吊装位置附近,吊装时还应计算起重半径 R,根据 Q、H、R 三个参数选定起重机的型号。

起重机的起重半径一般可按式（4-6）计算：

$$R = F + L\cos\alpha \qquad (4\text{-}6)$$

式中：R——起重机的起重半径,m;

F——起重臂下铰点至回转轴中心的距离,m;

L——所选起重的臂杆长度,m。

按计算出的 L 及 R 值,查起重机的技术性能表或者起重曲线复核起重量 Q 及起重高度 H,如能满足构件吊装要求,即可根据 R 值确定起重机吊装屋面板时的停机位置。

5）混凝土泵和泵车

高层建筑物施工中,混凝土的垂直运输量十分大,通常采用泵送方式进行,其布置要求如下。

（1）混凝土泵设置处的场地应平整坚实，具有重车行走条件，且有足够的场地，道路畅通，使供料调车方便。

（2）混凝土泵应尽量靠近浇筑地点。

（3）其停放位置接近排水设施，供水、供电方便，便于泵车清洗。

（4）混凝土泵作业范围内，不得有障碍物、高压电线，同时要有防范高空坠物的措施。

（5）当高层建筑物采用接力泵泵送混凝土时，其设置位置应使上、下泵的输送能力匹配，且验算其楼面结构部位的承载力，必要时采取加固措施。

6. 行政与生活临时设施布置

行政与生活临时设施包括办公室、汽车库、职工休息室、开水房、小卖部、食堂、俱乐部和浴池等。根据工地施工人数，可计算这些临时设施的建筑面积。应尽量利用建设单位的生活基地或其他永久性建筑，不足的零星部分另行建造。

一般全工地性行政管理用房宜设在全工地入口处，以便对外联系；也可设在工地中央，以便于全工地管理。工人用的福利设施应设置在工人较集中的地方，或工人必经之处。生活基地应设在工地外，距工地 500～1000m 为宜。食堂可布置在工地内部或工地与生活区之间。

在工地中心或工地中心附近设置临时发电设备，沿干道布置主线；为了获得水源，可以利用地表水或地下水，并设置抽水设备和加压设备（简易水塔或加压泵），以便储水和提高水压，然后把水管接出布置管网。

7. 绘制施工平面布置图

上述布置应采用标准图例，绘制在总平面图上，比例一般为 1∶1000 或 1∶2000。上述各设计步骤不是截然分开、各自孤立进行的，而是互相联系、互相制约的，需要综合考虑、反复修正才能确定下来。当有几种方案时，尚应进行方案比较。

建筑施工是一个复杂多变的生产过程，各种施工机械、材料、构件等随着工程的进展而逐渐进场，又随着工程的进展而逐渐变动、消耗。因此，在整个施工过程中，它们在工地上的实际布置情况随时在改变。为此，对于大型建筑工程、施工期限较长或施工场地较为狭小的工程，就需要按不同施工阶段分别设计几张施工平面图，以便能把不同施工阶段工地上的合理布置生动具体地反映出来。在布置各阶段的施工平面图时，对整个施工时期使用的主要道路、水电管线和临时房屋等，不要轻易变动，以节省费用。对较小的建筑物，一般按主要施工阶段的要求来布置施工平面图，同时考虑其他施工阶段如何周转使用施工场地。布置重型工业厂房的施工平面图，还应该考虑一般土建工程同其他专业工程的配合问题，以一般土建施工单位为主会同各专业施工单位，通过协商编制综合施工平面图。在综合施工平面图中，根据各专业工程在各施工阶段中的要求将现场平面合理划分，使专业工程各得其所，都具备良好的施工条件，以便各单位根据综合施工平面图布置现场。

4.2.2　主要技术经济指标

施工组织总设计编制完成后，还需对其进行技术经济分析评价，以便改进方案或对多方案进行优选。施工组织总设计的技术经济指标应反映出设计方案的技术水平和经济性。单位工程的技术经济指标主要有以下几个。

（1）项目施工工期：建设项目总工期，独立交工系统工期及独立承包项目和单项工程工期。

（2）项目施工质量：分部工程质量标准，单位工程质量标准及单项工程和建设项目质量水平。

（3）项目施工成本：建设项目总造价、总成本和利润；每个独立交工系统总造价、总成本和利润；独立承包项目造价、成本和利润；每个单项（单位）工程造价、成本和利润；其产值（总造价）利润率和成本降低率。

（4）项目施工消耗：建设项目总用工量；独立交工系统用工量；每个单项工程用工量；前三项各自平均人数、高峰人数和劳动力不均衡系数、劳动生产率；主要材料消耗量和节约量；主要大型机械使用数量、台班量和利用率。

（5）项目施工安全：施工人员伤亡率、重伤率、轻伤率和经济损失。

（6）项目施工其他指标：施工设施建造费比例、综合机械化程度、工厂化程度和装配化程度，以及流水施工系数和施工现场利用系数。

学习笔记

任务练习

一、填空题

1. 起重机械包括（　　）、（　　）、（　　）、（　　）。
2. 单车道路净宽、净高均不小于（　　），双车道路宽不小于（　　）。
3. 塔式起重机是集（　　）、（　　）、（　　）三种功能于一身的机械设备。
4. 工地混凝土搅拌站的布置有（　　）、（　　）、（　　）布置相结合三种方式。

二、单项选择题

1. 单位工程施工平面图设计中，应首先确定（　　）。
　　A. 运输道路的布置　　　　　　　　B. 搅拌站的位置
　　C. 起重机械的位置　　　　　　　　D. 材料堆场和仓库的位置
2. 各种材料、构件、机具的堆放位置在（　　）中标注。
　　A. 施工方案　　　B. 施工进度方案　　　C. 施工总平面图　　　D. 技术组织措施
3. 低位塔式起重机的起臂端部与另一台塔式起重机的塔身之间的距离不得小于（　　）m。
　　A. 1　　　　　　　　B. 2　　　　　　　　C. 3　　　　　　　　D. 4
4. 施工平面布置图包含的内容一般不包括（　　）。
　　A. 原有地形地物　　　　　　　　　B. 距离施工现场较远的城镇
　　C. 安全消防设施　　　　　　　　　D. 施工防排水临时设施

三、简答题

1. 单位工程施工现场布置图的设计依据是什么？

_____

_____

_____

_____

_____

_____

2. 单位工程施工现场布置图的设计原则是什么？

_____

_____

_____

_____

_____

_____

3. 单位工程施工现场平面图的设计内容是什么?

_____

_____

_____

4. 已知施工现场平面图(图4-6),请写出该平面图中缺失的设计内容。

_____

_____

_____

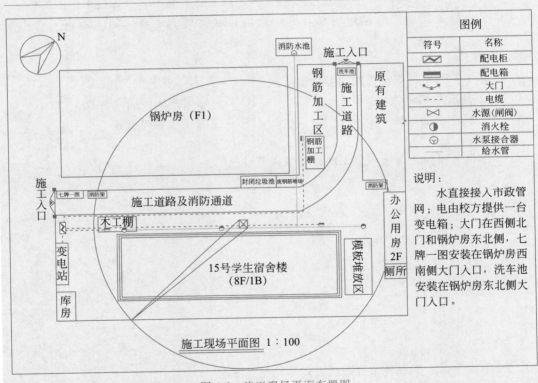

图 4-6　施工现场平面布置图

5. 单位工程施工现场布置图设计步骤是什么?

_____

_____

6. 在施工现场布置搅拌机时,需要考虑哪些因素?

_____

_____

_____

_____

7. 塔式起重机布置有哪些注意事项?

_____

_____

_____

_____

8. 某超高层建筑,位于街道转弯处。工程设计为纯剪力墙结构,抗震设计按 8 度设防。围护结构和内隔墙采用加气混凝土砌块。现场严格按照某企业制定的施工现场 CI 体系实施方案布置。根据场地条件、周围环境和施工进度计划,本工程采用商品混凝土,预制构件现场加工,加工厂、堆放材料的临时仓库,水、电、动力管线和交通运输道路等各类临时设施均已布置完毕。

(1) 简述施工现场管理的总体要求。

_____

_____

_____

_____

(2) 施工总平面图设计时,临时仓库和加工厂如何布置?

_____

_____

_____

_____

项目 5 编制施工进度计划

知识目标

1. 了解流水施工的概念、组织方式、分类、技术经济效果分析。
2. 熟悉流水施工的划分及表达方式,掌握流水施工的参数计算、确定方法。
3. 了解网络计划技术的基本原理和特点,掌握网络计划的分类。
4. 熟悉单、双代号网络计划的组成和绘制,掌握单、双代号网络计划时间参数的计算。

能力目标

1. 通过比较各种施工组织方式,能够选择具有优势的施工组织生产方式。
2. 能够计算流水施工参数,并对流水施工进行分析、计算。
3. 能够独立完成各种流水施工方式的组织设计计算,及在实际工程建设中的应用。

课程思政

1. 培养系统地分析问题的习惯,树立全局意识。
2. 树立敬畏生命的理念,培养遵章守纪的职业操守和责任意识,以及严谨认真的工匠精神。

任务 5.1 流 水 施 工

5.1.1 流水施工概述

1. 基本概念

1)流水施工的概念

流水施工是指所有的施工过程按一定的时间间隔依次投入施工,各个施工过程陆续开工,陆续竣工,使同一施工过程的专业队保持连续、均衡施工,相邻专业队能最大限度地搭接施工。流水作业法是一种诞生较早、组织生产中行之有效的组织方法,它广泛应用于工业产品领域中。

2)施工段

为了实现产品的批量生产,提高劳动生产率,通常把施工对象在平面或空间上划分成劳动量大致相等的若干施工区段,这些施工区段称为施工段。例如,一栋住宅楼有五个单元,则可以将每一个单元作为一个施工段。

3）施工过程

任何一项工程的施工都可分成若干个部分，每一个部分都称为一个施工过程。一个施工过程的范围可粗可细，既可以是分项工程，也可以是分部工程，甚至可以是一个单位工程。

4）横道图

横道图是以图示的方式来表示各项工作的活动顺序和持续时间。在横道图中，横坐标表示施工过程的持续时间，纵坐标表示各施工过程的名称或编号，图5-1中，一条横线条代表一个施工过程，横线条的长度表示作业时间的长短，横线条上的数字表示施工段。如某一混凝土工程，划分为绑扎钢筋、支设模板、浇筑混凝土三个施工过程，每一施工过程划分为四个施工段。

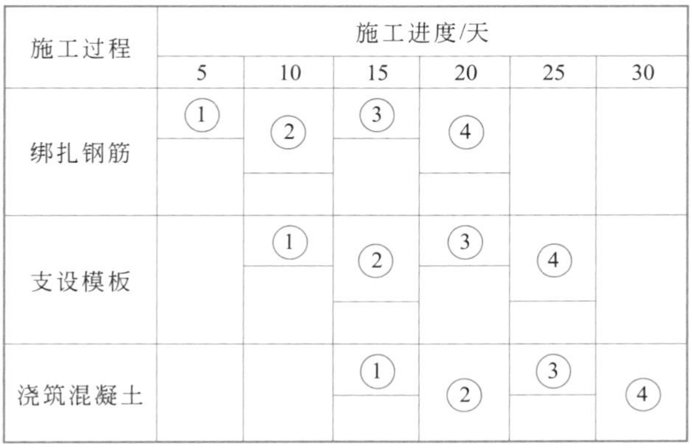

施工过程	施工进度/天					
	5	10	15	20	25	30
绑扎钢筋	①	②	③	④		
支设模板		①	②	③	④	
浇筑混凝土			①	②	③	④

图 5-1　横道图

2. 施工组织方式

工程项目的施工组织方式根据其工程特点、平面及空间布置、工艺流程等要求，可以采用依次施工、平行施工、流水施工等方式组织施工。

1）依次施工

依次施工是指将拟建工程项目中的每一个施工对象分解为若干个施工过程，按施工工艺要求依次完成每一个施工过程；当一个施工对象完成后，再按同样的顺序完成下一个施工对象，依次类推，直至完成所有施工对象。

依次施工组织方式具有以下特点。

（1）单位时间内投入的劳动力、机械设备和材料等资源较少，有利于资源的供应和组织。

（2）施工现场的组织、管理比较简单。

（3）没有充分利用工作面进行施工，施工工期较长。

（4）若采用专业施工班组作业，施工班组不能连续施工，存在时间间歇，劳动力及物资消耗不连续。

（5）如果由一个工作队完成全部施工任务，则不能实现专业化施工，不利于提高劳动生产率和工程质量。

2）平行施工

平行施工是指组织多个施工班组使所有施工段的同一施工过程，在同一时间、不同空间同时施工，同时竣工的施工组织方式。

平行施工组织方式具有以下特点。

（1）充分利用了工作面，工期最短。

（2）若采用一个施工队伍完成一个工程的全部施工任务，则不能实现专业化生产，不利于提高劳动生产率和工程质量。

（3）如果每一个施工对象均按专业成立工作队，则各专业队不能连续作业，劳动力及施工机具等资源无法均衡使用。

（4）由于同一施工过程在各工作面同时进行，因此，单位时间内投入的劳动力、机械设备和材料等资源消耗量成倍增加，给资源供应的组织带来压力。

（5）施工现场的组织、管理复杂。

平行施工能够实现多个施工段同时施工，因此适用于工期要求紧、工作面充足、资源供应有保证的工程或规模较大的建筑群。

3）流水施工

流水施工是指将拟建工程的建造过程按照工艺先后顺序划分成若干施工过程，每一个施工过程由专业施工班组负责施工，同时将施工对象在平面或空间上划分成劳动量大致相等的施工段。各专业施工班组要依次连续完成各施工段的施工任务，同时相邻两个专业施工班组应最大限度地平行搭接。

流水施工组织方式具有以下特点。

（1）尽可能地利用工作面进行施工，工期比较短。

（2）各工作队实现了专业化施工，有利于提高技术水平和劳动生产率，也有利于提高工程质量。

（3）专业工作队能够连续施工，同时使相邻专业队的开工时间能够最大限度地搭接。

（4）单位时间内投入的劳动力、施工机具、材料等资源量较为均衡，有利于资源供应的组织。

（5）为施工现场的文明施工和科学管理创造了有利条件。

3. 流水施工分类

根据流水施工组织的范围不同，流水施工可分为分项工程流水施工、分部工程流水施工、单位工程流水施工和群体工程流水施工等。

1）分项工程流水施工

分项工程流水施工也称为细部流水施工。它是在一个专业工程内部组织起来的流水施工。在项目施工进度计划表上，它由一组标有施工段或工作队编号的水平进度指示线段表示。例如，浇筑混凝土的工作队依次连续地在各施工区域完成浇筑混凝土的工作。

2）分部工程流水施工

分部工程流水施工也称为专业流水施工。它是在一个分部工程内部、各分项工程之间组织起来的流水施工。在项目施工进度计划表上，它由一组标有施工段或工作队编号的水平进度指示线段来表示。例如，某办公楼的基础工程是由基槽开挖、混凝土垫层、砌砖基础和回填土四个在工艺上有密切联系的分项工程组成的分部工程。施工时将该办公楼的基础在平面上划分为几个区域，组织四个专业工作队，依次连续地在各施工区域中各自完成同一施工过程的工作，即为分部工程流水施工。

3）单位工程流水施工

单位工程流水施工也称为综合流水施工。它是在一个单位工程内部、各分部工程之间组织起来的流水施工。在项目施工进度计划表上,它是由若干组分部工程的进度指示线段表示,并由此构成一张单位工程施工进度计划。

4. 流水施工的技术经济效果

流水施工的连续性和均衡性方便了各种生产资源的组织,使施工企业的生产能力可以得到充分的发挥,劳动力、机械设备可以得到合理的安排和使用,进而提高了生产效率,流水施工方式是一种先进、科学的施工方式。

1)施工工期较短,可以尽早发挥投资效益

由于流水施工的节奏性、连续性,可以加快各专业队的施工进度,减少时间间隔。特别是相邻专业队在开工时间上可以最大限度地进行搭接,充分地利用工作面,做到尽可能早地开始工作,从而达到缩短工期的目的,使工程尽快交付使用或投产,尽早获得经济效益和社会效益。

2)实现专业化生产,可以提高施工技术水平和劳动生产率

由于流水施工实现了专业化的生产,为工人提高技术水平、改进操作方法以及革新生产工具创造了有利条件,因而改善了工作的劳动条件,可以不断地提高施工技术水平和劳动生产率。

3)连续施工,可以充分发挥施工机械和劳动力的生产效率

由于流水施工组织合理,工人连续作业,没有窝工现象,机械闲置时间少,增加了有效劳动时间,从而使施工机械和劳动力的生产效率得以充分发挥。

4)提高工程质量,可以增加建设工程的使用寿命和节约使用过程中的维修费用

由于流水施工实现了专业化生产,工人技术水平高,而且各专业队之间紧密地搭接作业,互相监督,可以使工程质量得到提高。因此,可以延长建设工程的使用寿命,同时可以减少建设工程使用过程中的维修费用。

5)降低工程成本,可以提高承包单位的经济效益

由于工期缩短、劳动生产率提高、资源供应均衡,各专业施工队连续均衡作业,减少了临时设施数量,从而节约了人工费、机械使用费、材料费和施工管理费等相关费用,有效地降低了工程成本。工程成本的降低可以提高承包单位的经济效益。

5.1.2 流水施工组织要点

1. 流水施工组织的划分

1)划分施工段

建筑产品体型庞大,施工具有单件性,要实现流水施工"批量"生产的要求,需将单件的建筑产品化整为零,将施工对象划分成多个施工段,每一个施工段就是一个"产品"。例如一幢四单元住宅楼,在平面上以一个单元作为一个施工段,则可划分成四个施工段。

2)划分施工过程

组织流水施工的基础是进行分工。通过将拟建工程的建造过程划分成若干个工作内容单一的施工过程,并组建相应的专业施工班组,从而实现分工。对于控制性施工进度计划,施工过程的划分可以粗一些,可以是单位工程,也可以是分部工程。对于实施性进度计划,由于要具体指导施工,故要划分得细一些,施工过程可以是分项工程,甚至可以按照专业划

分工序。如土建工程可划分成地基与基础工程、主体结构工程、建筑装饰装修工程、建筑屋面工程等分部工程。然后各分部工程还可继续划分,如现浇钢筋混凝土框架柱工程可分解成绑扎钢筋、支设模板、浇筑混凝土等。

3)组织专业施工班组

按照所划分的施工过程尽可能组织独立的施工班组,从而实现专业分工,使每个施工班组能够按照施工顺序依次、连续、均衡地完成各施工段上的工作,实现生产的专业化和批量化。

4)合理组织施工

通过合理组织,使施工班组在各施工段连续施工,相邻的施工班组最大限度地平行搭接,实现施工班组之间高效协作,充分利用工作面以提高施工效率。

2. 流水施工的表达方式

流水施工的表达方式主要有横道图、垂直图和网络图三种。

1)横道图

(1)流水施工横道图表示方法。某工程流水施工的横道图表示法如图5-2所示。图中的横坐标表示流水施工的持续时间;纵坐标表示施工过程的名称或编号。n 条带有编号的水平线段表示 n 个施工过程或专业工作队的施工进度安排,其编号①、②等表示不同的施工段。

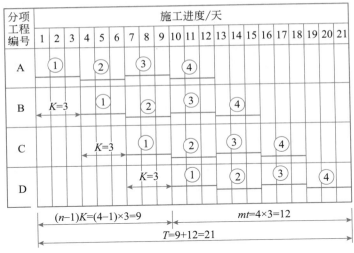

其中,T——流水施工的计算总工期;
n——施工段的数目;
m——施工过程或专业工作队的数目;
I——流水节拍;
K——流水步距,图中 $K = t$。

图 5-2 流水施工横道图表示法

(2)横道图表示法的优点。绘图简单,施工过程及其先后顺序表达清楚,时间和空间状况形象直观,使用方便,因而被广泛用来表达施工进度计划。

2)垂直图

(1)流水施工垂直图表示方法。某工程流水施工的垂直图表示法如图5-3所示。图中的横坐标表示流水施工的持续时间;纵坐标表示流水施工所处的空间位置,即施工段的编号。n 条斜向线段表示 n 个施工过程或专业工作队的施工进度。

(2)垂直图表示法的优缺点。施工过程及其先后顺序表达清楚,时间和空间状况形象直观,斜向进度线的斜率可以直观地表示出各施工过程的进展速度。但编制实际工程进度计划不如横道图方便。

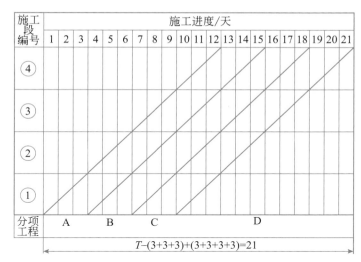

其中,*T*——流水施工的计算总工期。

图 5-3 流水施工垂直图表示法

3. 流水施工的参数

在组织流水施工时,用以表达流水施工在工艺流程、空间布置和时间排列等方面进展状态的数据,称为流水施工参数。按其性质的不同,流水施工参数可分为工艺参数、空间参数和时间参数三种。

1)工艺参数

工艺参数主要是指在组织流水施工时,用以表达流水施工在施工工艺方面进展状态的参数,通常包括施工过程和流水强度两个参数。

(1)施工过程

组织建设工程流水施工时,根据施工组织及计划安排需要而将计划任务划分成的子项称为施工过程。施工过程划分的粗细程度因实际需要而定。当编制控制性施工进度计划时,组织流水施工的施工过程可以划分得粗一些,施工过程可以是单位工程,也可以是分部工程。当编制实施性施工进度计划时,施工过程可以划分得细一些,施工过程可以是分项工程,甚至是将分项工程按照专业工种不同分解而成的施工工序。施工过程的数目一般用 *n* 表示,它是流水施工的主要参数之一。

① 与施工过程划分的有关因素。施工过程划分的数目多少、粗细程度一般与下列因素有关。

a. 施工计划的性质和作用。对工程施工长期性计划与建筑群体规模大、结构复杂、工期长的工程施工控制性进度计划,其施工过程划分粗些,综合性大些。对中、小型单位工程及工期不长的工程施工实施性计划,其施工过程划分细些、具体些,一般划分至分项工程。对月度作业性计划,有些施工过程分解为工序,如安装模板、绑扎钢筋等。

b. 施工方案与工程结构。施工过程的划分与工程的施工方案、工程结构形式相关。如厂房的柱基础与设备基础挖土如同时施工,可合并为一个施工过程;若先后施工,可分为两个施工过程。承重墙与非承重墙的砌筑也是如此。砌体结构、大墙板结构、装配式框架与现浇钢筋混凝土框架等不同的结构体系,其施工过程划分及其内容也各不相同。

c. 劳动组织及劳动量大小。施工过程的划分与施工队组织形式有关,例如,安装玻璃、油漆施工可合也可分,因为有的是混合班组,有的是单一工种的班组;施工过程的划分还与劳动量大小有关,劳动量小的施工过程,当组织流水施工有困难时,可与其他施工过程合并,例如,垫层劳动量较小时可与挖土合并为一个施工过程,这样可以使各个施工过程的劳动量大致相等,便于组织流水施工。

② 施工过程的分类。根据其性质和特点的不同,施工过程一般分为三类,即制备类施工过程、运输类施工过程和建造类施工过程。

a. 制备类施工过程。它是指为了提高建筑工业化程度,发挥机械设备的生产能力,制造建筑制品的施工过程,如钢筋加工、制备砂浆、钢构件的预制过程等。

b. 运输类施工过程。它是指将施工所需的原材料、构配件和机械设备等运至工地仓库或施工现场使用地点的施工过程。

上述两类施工过程一般不占用施工对象的空间,不影响项目总工期,不反映在进度表上;只有当它们占用施工对象的空间并影响项目总工期时,才列入项目施工进度计划中。

c. 建造类施工过程。它是指在施工对象的空间上,直接进行加工最终形成建筑产品的过程,如地下工程、主体工程、结构安装工程、屋面工程和装饰工程等施工过程。

建造类施工过程占用施工对象的空间,影响着工期的长短,必须列入项目施工进度表,而且是项目施工进度表的主要内容。

(2)流水强度

流水强度是指流水施工的某施工过程(专业工作队)在单位时间内所完成的工程量。流水强度一般用"V"表示。

① 机械施工过程的流水强度:

$$V_i = \sum_{i=1}^{x} R_i S_i \qquad (5\text{-}1)$$

式中:V_i ——某施工过程 i 的机械操作流水强度;

R_i ——投入施工过程 i 的某种主要施工机械台数;

S_i ——投入施工过程 i 的某种主要施工机械产量定额;

x ——投入施工过程 i 的主要施工机械种类数。

② 人工施工过程的流水强度:

$$V_i = R_i S_i \qquad (5\text{-}2)$$

式中:V_i ——投入施工过程 i 的人工操作流水强度;

R_i ——投入施工过程 i 的工作队人数;

S_i ——投入施工过程 i 的工作队的平均产量定额。

2)空间参数

空间参数是指在组织流水施工时,用以表达流水施工在空间布置上进展状态的参数,通常包括工作面、施工段和施工层。

(1)工作面

工作面是指供某专业工种的工人或某种施工机械进行施工的活动空间。工作面的大小,表明能安排施工人数或机械台数的多少。每个作业的工人或每台施工机械所需工作面的大小,取决于单位时间内其完成的工程量和安全施工的要求。工作面确定得合理与否,直接影响专业工作队的生产效率。因此,必须合理确定工作面。

有关工种的工作面可参考表 5-1。

表 5-1　主要工种工作面参考数据表

工 作 项 目	每个技工的工作面	说　　　明
砖基础	7.6m/人	以 $1\frac{1}{2}$ 砖计, 2 砖乘以 0.8,3 砖乘以 0.55
砌砖墙	8.5m/人	以 1 砖计,$1\frac{1}{2}$ 砖乘以 0.71, 2 砖乘以 0.57
毛石墙基础	3m/人	以 60cm 计
毛石墙	3.3m/人	以 40cm 计
混凝土柱、墙基础	8m³/人	机拌、机捣
混凝土设备基础	7m³/人	机拌、机捣
现浇钢筋混凝土柱	2.45m³/人	机拌、机捣
现浇钢筋混凝土梁	3.20m³/人	机拌、机捣
现浇钢筋混凝土墙	5m³/人	机拌、机捣
现浇钢筋混凝土楼板	5.3m³/人	机拌、机捣
预制钢筋混凝土柱	3.6m³/人	机拌、机捣
预制钢筋混凝土梁	3.6m³/人	机拌、机捣
预制钢筋混凝土屋架	2.7m³/人	机拌、机捣
预制钢筋混凝土平板、空心板	1.91m³/人	机拌、机捣
预制钢筋混凝土大型屋面板	2.62m³/人	机拌、机捣
混凝土地坪及面层	40m²/人	机拌、机捣
外墙抹灰	16m²/人	
内墙抹灰	18.5m²/人	
卷材屋面	18.5m²/人	
防水水泥砂浆屋面	16m²/人	
门窗安装	11m²/人	

（2）施工段

施工段数一般用 W 表示,它是流水施工的主要参数之一。

① 划分施工段的目的是组织流水施工。由于建筑工程体系的庞大性,可以将其划分成若干个施工段,从而为组织流水施工提供足够的空间。在组织流水施工时,专业工作队完成

一个施工段上的任务后,遵循施工组织顺序又到另一个施工段上作业,产生连续流动施工的效果。在一般情况下,一个施工段在同一时间内只安排一个专业工作队施工,各专业工作队遵循施工工艺顺序依次投入作业,同一时间内在不同的施工段上平行施工,使流水施工均衡地进行。组织流水施工时,可以划分足够数量的施工段,充分利用工作面,避免窝工,尽可能缩短工期。

② 划分施工段的要求如下。

a. 主要专业工种在各个施工段所消耗的劳动量要大致相等,其相差幅度不宜超过10%～15%。

b. 在保证专业工作队劳动组合优化的前提下,施工段大小要满足专业工种对工作面的要求。

c. 施工段分界线应尽可能与结构自然界线相吻合,如温度缝、沉降缝或单元界线等处;必须将其设在墙体中间时,可将其设在门窗洞口处,以减少施工留槎。

d. 多层施工项目既要在平面上划分施工段,又要在竖向上划分施工层,以组织有节奏、均衡、连续的流水施工。

e. 当组织流水施工对象有层间关系时,为使各专业工作队能够连续工作,每层施工段数目应满足以下几点。

当 $m=n$ 时,各专业工作队能连续施工,工作面能充分利用,无停歇现象,也不会产生工人窝工现象,这是理想化的流水施工方案。

当 $m>n$ 时,各专业工作队仍是连续施工,虽然有停歇的工作面,但不一定是不利的,有时还是必要的。如利用停歇的时间做养护、备料、放线等工作。

当 $m<n$ 时,各个专业工作队不能连续施工,这种流水施工是不适宜的。

(3) 施工层

在组织流水施工时,为了满足专业工种对操作高度和施工工艺的要求,通常将拟建工程项目在竖向上划分为若干个操作层,这些操作层称为施工层。施工层的划分,要按工程项目的具体情况,根据建筑物的高度、楼层确定。如砌砖墙施工层高 1.2m,装饰工程施工层多以楼层为主。

3) 时间参数

时间参数是指在组织流水施工时,用以表达流水施工在时间排列上所处状态的参数。主要包括流水节拍、流水步距、平行搭接时间、技术间歇时间和组织间歇时间。

(1) 流水节拍

流水节拍是指在组织流水施工时,每个专业工作队在各个施工段上完成相应的施工任务所需要的工作持续时间。通常以 t_i 表示,它是流水施工的基本参数之一。

① 流水节拍的确定。流水节拍的大小,可以反映出流水施工速度的快慢、节奏感的强弱和资源消耗量的多少。其数值的确定,可按以下方法进行。

a. 定额计算法。该方法是根据各施工段的工程量、能够投入的资源量(工人数、机械台数和材料量等),按式(5-3)进行计算:

$$t_i^j = \frac{Q_i^j}{S_j R_j N_j} = \frac{P_i^j}{R_j N_j} \tag{5-3}$$

式中：t_i^j——专业工作队 j 在某施工段 i 上的流水节拍；

$\qquad Q_i^j$——专业工作队 j 在某施工段 i 上的用工量；

$\qquad S_j$——专业工作队 j 的计划产量定额；

$\qquad R_j$——专业工作队 j 的工人数或机械台数；

$\qquad N_j$——专业工作队 j 的工作班次；

$\qquad P_i^j$——专业工作队 j 在某施工段上的劳动量。

b. 经验估算法。对于采用新结构、新工艺、新方法和新材料等没有定额可循的工程项目，可以根据以往的施工经验估算流水节拍。一般为了提高其准确程度，往往先估算出该流水节拍的最长、最短和最正常三种时间，然后据此求出期望时间作为某施工队组在某施工段上的流水节拍。因此，此法也称为三种时间估算法，按式（5-4）进行计算：

$$t = \frac{a + 4c + b}{6} \tag{5-4}$$

式中：t——某施工过程在某施工段上的流水节拍；

$\qquad a$——某施工过程在某施工段上的最短估算时间；

$\qquad b$——某施工过程在某施工段上的最长估算时间；

$\qquad c$——某施工过程在某施工段上的正常估算时间。

c. 工期计算法。对某些施工任务在规定日期内必须完成的工程项目，往往采用倒排进度法。具体步骤如下。

根据工期倒排进度，确定某施工过程的工作持续时间。

确定某施工过程在某施工段上的流水节拍。若同一施工过程的流水节拍不相等，则用估算法；若流水节拍相等，则按式（5-5）进行计算。

$$t = \frac{T}{m} \tag{5-5}$$

式中：t——流水节拍；

$\qquad T$——某施工过程的工作持续时间；

$\qquad m$——某施工过程划分的施工段数。

② 影响流水节拍的因素。

a. 施工班组人数应符合施工过程最少劳动组合人数的要求。例如，现浇钢筋混凝土施工过程包括上料、搅拌、运输、浇捣等施工操作环节，如果人数太少，则无法组织施工。

b. 要考虑工作面的大小或某种条件的限制。施工班组人数也不能太多，每个工人的工作面要符合最小工作面的要求。否则，就不能发挥正常的施工效率或不利于安全生产。工作面是表明施工对象上可能安置多少工人操作或布置施工机械场所的大小。主要工种的最小工作面可参考表 5-1 的有关数据。

c. 要考虑各种机械台班的效率或机械台班产量的大小。

d. 要考虑各种材料、构件等施工现场堆放量、供应能力及其他有关条件的制约。

e. 要考虑施工方案及技术条件的要求。例如，不能留施工缝，必须连续浇筑的钢筋混凝土工程，有时要按三班制工作的条件决定流水节拍，以确保工程质量。

f. 确定一个分部工程各施工过程的流水节拍时,首先应考虑主要的、工程量大的施工过程的节拍(它的节拍最大,对工程起主要作用),其次确定其他施工过程的节拍值。

g. 节拍值一般取整数,必要时可保留 0.5 天的小数值。

(2) 流水步距

流水步距是指组织流水施工时,相邻两个施工过程(或专业工作队)相继开始施工的最小间隔时间。流水步距一般用 $K_{j,j+1}$ 来表示,其中 $j(j=1,2,\cdots,n-1)$ 为专业工作队或施工过程的编号。流水步距是流水施工的主要参数之一。

① 流水步距的基本要求。流水步距的数目取决于参加流水的施工过程数。如果施工过程数为 n 个,则流水步距的总数为 $n-1$ 个。流水步距的大小取决于相邻两个施工班组在各个施工段上的流水节拍及流水施工的组织方式。确定流水步距时,一般应满足以下基本要求。

a. 各施工过程按各自流水速度施工,始终保持工艺先后顺序。

b. 各施工班组投入施工后尽可能保持连续作业。

c. 相邻两个施工班组在满足连续施工的条件下,能最大限度地实现合理搭接。

根据以上基本要求,在不同的流水施工组织方式中,可以采用不同的方法确定流水步距。

② 确定流水步距 $K_{j,j+1}$ 的方法。

a. 分析计算法。在流水施工中,如果同一施工过程在各施工段上的流水节拍相等,则各相邻施工过程之间的流水步距可按下式计算:

$$K_{j,j+1}=t_i+(t_j-t_d) \qquad (t_i \leqslant t_{i+1}) \qquad (5\text{-}6)$$
$$K_{j,j+1}=mt_i-(m-1)t_{i+1}+(t_j-t_d) \qquad (t_i > t_{i+1}) \qquad (5\text{-}7)$$

式中:t_i——第 i 个施工过程的流水节拍;

t_{i+1}——第 $i+1$ 个施工过程的流水节拍;

t_j——第 i 个施工过程与第 $i+1$ 个施工过程之间的间歇时间;

t_d——第 $i+1$ 个施工过程与第 i 个施工过程之间的搭接时间。

b. 取大差法(累加数列法)。计算步骤如下。

根据专业工作队在各施工段上的流水节拍,求累加数列。

根据施工顺序,对所求的相邻两累加数列,错位相减。

根据错位相减的结果,确定相邻专业工作队之间的流水步距,即相减结果中数值最大者为流水步距。

(3) 平行搭接时间

在组织流水施工时,有时为了缩短工期,在工作面允许的条件下,如果前一个施工班组完成部分施工任务后,能够提前为后一个施工班组提供工作面,使后者提前进入前一个施工段,两者在同一施工段上平行搭接施工,这个搭接时间称为平行搭接时间或插入时间,通常以 $C_{j,j+1}$ 表示。

(4) 技术间歇时间

在组织流水施工时,除要考虑相邻施工班组之间的流水步距外,有时根据建筑材料或现浇构件等的工艺性质,还要考虑合理的工艺等待间歇时间,这个等待时间称为技术间歇时间。如混凝土浇筑后的养护时间、砂浆抹面和油漆面的干燥时间等。技术间歇时间以 $Z_{j,j+1}$ 表示。

（5）组织间歇时间

组织间歇时间是指在流水施工中，由于施工技术或施工组织的原因，造成在流水步距以外增加的间歇时间。如墙体砌筑前的墙身位置弹线，施工人员、机械转移，回填土前的地下管道检查验收等。组织间歇时间以 $G_{j,j+1}$ 表示。

5.1.3　流水施工组织方法

流水施工的前提是节奏，没有节奏就无法组织流水施工，而节奏是由流水施工的节拍决定的。由于建筑工程的多样性，使得各分项工程的数量差异很大，从而要把施工过程在各施工段的工作持续时间都调整到一样是不可能的。大部分是施工过程流水节拍不相等，甚至一个施工过程在各流水段上流水节拍都不一样，因此形成了各种不同形式的流水施工。通常根据各施工过程的流水节拍不同，可分为有节奏流水施工和无节奏流水施工。虽然有的也将其分为等节拍、异节拍、无节奏流水施工，也只是分类方法不用而已，它们之间的关系如图 5-4 所示。

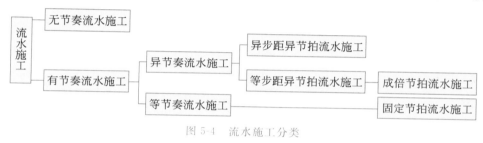

图 5-4　流水施工分类

从图 5-4 可以看出，流水施工可分为无节奏流水施工和有节奏流水施工两大类，而建筑工程流水施工中，有节奏流水施工又可分为等节奏流水施工和异节奏流水施工。异节奏流水施工又可分为等步距异节拍流水施工和异步距异节拍流水施工。

1. 等节奏流水施工

等节奏流水施工是指在组织流水施工时，所有的施工过程在各个施工段上的流水节拍彼此相等的流水施工方式。这种流水施工组织方式也称为固定节拍流水施工、全等节拍流水施工或同步距流水施工。

1）等节奏流水施工的特点

（1）所有施工过程在各个施工段上的流水节拍均相等。

（2）相邻施工过程的流水步距相等，且等于流水节拍。

（3）施工过程的专业施工队数等于施工过程，因为每一施工段只有一个专业施工队。

（4）各个专业工作队在各施工段上能够连续作业，施工段之间没有空闲时间。

（5）各施工过程的施工速度相等。

2）等节奏流水施工组织

（1）确定施工起点及流向，分解施工过程。

（2）确定施工顺序，划分施工段。划分施工段时，其数目的确定如下。

① 无层间关系或无施工层时，取 $m=n$。

② 有层间关系或有施工层时，施工段数目 m 分下面两种情况确定。

a. 无技术和组织间歇时取 $m=n$。

b. 有技术和组织间歇时,为了保证各施工班组能连续施工,应取 $m \geqslant n$ 此时,每层施工段空闲数为$(m-n)$,一个空闲施工段的时间为 t,则每层的空闲时间为

$$(m-n) \times t = (m-n) \times K \tag{5-8}$$

若一个楼层内各施工过程间的技术、组织间歇时间之和为 $\sum Z_1$,楼层间技术、组织间歇时间为 Z_2 。如果每层的 $\sum Z_1$ 均相等,Z_2 也相等,而且为了保证连续施工,施工段上除 $\sum Z_1$ 和 Z_2 外无空闲,则

$$(m-n) \times K = \sum Z_1 + Z_2 \tag{5-9}$$

所以,每层的施工段数 m 可按式(5-10)确定:

$$m = n + \frac{\sum Z_1}{K} + \frac{Z_2}{K} \tag{5-10}$$

式中:m——施工段数;

n——施工过程数;

$\sum Z_1$ —— 一个楼层内各施工过程间技术、组织间歇时间之和;

Z_2——楼层间技术、组织间歇时间;

K——流水步距。

如果每层的 $\sum Z_1$ 不完全相等,Z_2 也不完全相等,应取各层中最大的 $\sum Z_1$ 和 Z_2,按式(5-11)确定施工段数:

$$m = n + \frac{\max \sum Z_1}{K} + \frac{\max Z_2}{K} \tag{5-11}$$

(3) 确定流水节拍,此时 $t_i^j = t$ 。

(4) 确定流水步距,此时 $K_{j,j+1} = K = t$ 。

(5) 计算流水施工工期。

① 有间歇时间的固定节拍流水施工。所谓间歇时间,是指相邻两个施工过程之间由于工艺或组织安排需要而增加的额外等待时间,包括组织间歇时间 G_{j+j+1} 和技术间歇时间 (Z_{j+j+1})。对于有间歇时间的固定节拍流水施工,其流水施工工期 T 可按式(5-12)计算:

$$T = (n-1)t + \sum G + \sum Z + m \times t = (m+n-1)t + \sum G + \sum Z \tag{5-12}$$

式中:$\sum G$ ——各施工过程之间组织间歇时间之和;

$\sum Z$ ——各施工过程之间技术间歇时间之和。

其他符号意义同前。

② 有平行搭接时间的固定节拍流水施工。所谓平行搭接时间(G_{j+j+1})是指相邻两个

施工班组在同一施工段上共同作业的时间。在工作面允许和资源有保证的前提下,施工班组平行搭接施工可以缩短流水施工工期。对于有平行搭接时间的固定节拍流水施工,其流水施工工期 T 可按式(5-13)计算:

$$T = (n-1)t + \sum G + \sum Z - \sum C + m \times t$$
$$= (m+n-1)t + \sum G + \sum Z - \sum C \tag{5-13}$$

式中:$\sum C$——施工过程中平行搭接时间之和。

其他符号意义同前。

(6)绘制流水施工指示图表。

2. 异节奏流水施工

异节奏流水施工是指同一施工过程在各施工段上的流水节拍都相等,不同施工过程之间的流水节拍不一定相等的流水施工方式。异节奏流水施工又可分为等步距异节拍(也称成倍节拍)流水施工和异步距异节拍流水施工两种方式。

1)等步距异节拍流水施工

等步距异节拍流水施工,在组织固定节拍流水施工时,可能遇到非主导施工过程所需劳动力、施工机械超过了施工段上工作面所能容纳数量的情况,这时非主导施工过程只能按施工段所能容纳的劳动力或机械的数量来确定流水节拍,可能出现两个或两个以上的专业施工队在同一施工段内流水作业,而形成成倍节拍流水情况。即成倍节拍流水施工是指在组织流水施工时,如果同一施工过程在各个施工段上的流水节拍彼此相等,而不同施工过程在同一施工段上的流水节拍之间存在一个最大公约数,为加快流水施工速度,可按最大公约数的倍数确定每个施工过程的施工班组,这样便构成了一个工期最短的等步距异节拍流水施工方案。

(1)等步距异节拍流水施工的特点。

① 同一施工过程在其各个施工段上的流水节拍均相等;不同施工过程的流水节拍不等,但其值为倍数关系。

② 相邻施工过程的流水步距相等,且等于流水节拍的最大公约数。

③ 施工班组数大于施工过程数,即有的施工过程只成立一个专业工作队,而对于流水节拍大的施工过程,可按其倍数增加相应专业工作队数目。

④ 各个施工班组在施工段上能够连续作业,施工段之间没有空闲时间。

⑤ 因增加了专业施工队的数量,故加快了施工过程的速度,从而缩短了总工期。

⑥ 各施工过程的持续时间之间亦存在公约数。

(2)等步距异节拍流水施工组织。

① 确定施工起点流向,划分施工段。

② 分解施工过程,确定施工顺序。

③ 按上述要求确定每个施工过程的流水节拍。

④ 确定流水步距:

$$K_b = 最大公约数\{各过程流水节拍\} \tag{5-14}$$

式中:K_b——等步距异节拍流水的流水步距。

⑤ 确定专业工作队数目：

$$\left.\begin{array}{l} b_j = t_i^j / K_b \\ n_1 = \sum_{j=1}^{n} b_j \end{array}\right\} \tag{5-15}$$

式中：b_j——施工过程 j 的专业班组数目，$n \geqslant j \geqslant 1$；

n_1——成倍节拍流水的专业班组总和。

其他符号意义同前。

⑥ 确定计算总工期：

$$T = (m + n_1 - 1)K_b + \sum Z_{j,j+1} + \sum G_{j,j+1} - \sum C_{j,j+1} \tag{5-16}$$

式中符号意义同前。

⑦ 绘制流水施工进度图。

2）异步距异节拍流水施工

异步距异节拍流水施工是指同一施工过程在各个施工段的流水节拍相等，不同施工过程之间的流水节拍不完全相等的流水施工方式。

（1）异步距异节拍流水施工的特点

同一施工过程流水节拍相等，不同施工过程之间的流水节拍不一定相等。

各个施工过程之间的流水步距不一定相等。

各施工班组能够在施工段上连续作业，但有的施工段之间可能有空闲。

施工班组数（n_1）等于施工过程数（n）。

（2）异步距异节拍流水施工组织

① 确定施工起点流向，划分施工段。

② 分解施工过程，确定施工顺序。

③ 确定流水步距。

$$K_{i,i+1} = \begin{cases} t_i & (t_i \leqslant t_{i+1}) \\ m\,t_i - (m-1)\,t_{i+1} & (t_i > t_{i+1}) \end{cases} \tag{5-17}$$

式中：t_i——第 i 个施工过程的流水节拍；

t_{i+1}——第 $i+1$ 个施工过程的流水节拍。

④ 计算流水施工工期。

$$T = \sum k_{i,i+1} + m\,t_n + \sum Z_{i,i+1} - \sum C_{i,i+1} \tag{5-18}$$

式中：t_n——最后一个施工过程的流水节拍。

其他符号意义同前。

3. 无节奏流水施工

在组织流水施工时，经常由于工程结构形式、施工条件不同等原因，使得各施工过程在各施工段上的工程量有较大差异，或因施工班组的生产效率相差较大，导致各施工过程的流水节拍随施工段的不同而不同,且不同施工过程之间的流水节拍又有很大差异。这时,流水节拍虽无任何规律,但仍可利用流水施工原理组织流水施工,使各施工班组在满足连续施工的条件下,实现最大搭接。由于没有固定的节拍、成倍节拍的时间约束,所以在进度安排上既灵活又自由,它是在工程实际中最常见、应用较普遍的一种流水施工组织方式。

1) 无节奏流水施工的特点

(1) 无固定规律,各施工过程在各施工段上的流水节拍完全自由。

(2) 在多数情况下,流水步距彼此不相等,而且流水步距与流水节拍的大小及相邻施工过程在相应施工段的流水节拍之差有关。

(3) 各施工班组都能连续施工,个别施工段可能有空闲。

(4) 施工班组数与施工过程数相等。

总之,无节奏流水施工不像固定节拍流水施工和成倍节拍流水施工那样受到很大约束,允许流水节拍自由,从而决定了流水步距也较自由,允许空间的空置,适合各种规模、各种结构形式、各种工程的工程对象,是很普遍的一种施工方式。

2) 无节奏流水施工组织

(1) 确定施工起点流向,划分施工段。

(2) 分解施工过程,确定施工顺序。

(3) 确定流水节拍。

(4) 确定流水步距:

$$K_{j,j+1} = \max \left\{ K_i^{j,j+1} = \sum_{i=1}^{i} \Delta t_i^{j,j+1} + t_i^{j+1} \right\} \quad (1 \leqslant j \leqslant n_1 - 1; 1 \leqslant i \leqslant m) \quad (5\text{-}19)$$

式中: $K_{j,j+1}$ ——施工班组 j 与 $j+1$ 之间的流水步距;

$K_i^{j,j+1}$ ——施工班组 j 与 $j+1$ 在各个施工段上的"假定段步距";

$\sum_{i=1}^{i}$ ——由施工段 1 至 i 依次累加,逢段求和;

$\Delta t_i^{j,j+1}$ ——施工班组 j 与 $j+i$ 在各个施工段上的"段时差",即 $\Delta t_i^{j,j+1} = t_i^j - t_i^{j+1}$;

t_i^j ——施工班组 j 在施工段 i 的流水节拍;

t_i^{j+1} ——施工班组 $j+1$ 在施工段 i 的流水节拍;

i ——施工段编号, $1 \leqslant i \leqslant m$;

j ——施工班组编号, $1 \leqslant j \leqslant n_1 - 1$;

n_1 ——施工班组数目,此时 $n_1 = n$。

在无节奏流水施工中,通常也采用累加数列错位相减取大差法计算流水步距。这种方法又称为潘特考夫斯基法。这种方法简捷、准确,便于掌握。

(5) 按式(5-20)计算总工期:

$$T = \sum_{j=1}^{n_1} K_{j,j+1} + \sum_{i=1}^{m} t_i^{n_1} + \sum Z_{j,j+1} + \sum G_{j,j+1} - \sum C_{j,j+1} \quad (5\text{-}20)$$

式中: T ——流水施工方案的计算总工期;

$t_i^{n_1}$ ——最后一个施工班组在各个施工段上的流水节拍。

(6) 绘制流水施工进度图。

任务 5.2　工程网络计划技术

5.2.1　网络计划技术概述

1. 基本概念

1）网络图

网络图是指由箭线和节点组成的，用来表示工作流程的有向、有序的网状图形。

2）网络计划

网络计划是指用网络图表达任务构成、工作顺序并加注工作时间参数的进度计划。提出一项具体工程任务的网络计划安排方案，就必须首先要求绘制网络图。

3）网络计划技术

利用网络图的形式表达各项工作之间的相互制约和相互依赖关系，并分析其内在规律，从而寻求最优方案的方法称为网络计划技术。

4）工艺关系

工艺关系是指生产工艺上客观存在的先后顺序关系，或者是非生产性工作之间由工作程序决定的先后顺序关系。

5）组织关系

工作之间由于组织安排需要或资源（劳动力、原材料、施工机具等）调配需要而规定的先后顺序关系称为组织关系。

6）紧前工作

在网络图中，相对于某工作而言，紧排在本工作之前的工作称为本工作的紧前工作。本工作和紧前工作之间可能有虚工作。

7）紧后工作

在网络图中，相对于某工作而言，紧排在该工作之后的工作称为该工作的紧后工作。在双代号网络图中，该工作与其紧后工作之间也可能有虚工作存在。

8）平行工作

在网络图中，相对于某工作而言，可以与该工作同时进行的工作即为该工作的平行工作。

9）先行工作

相对于某工作而言，从网络图的第一个节点（起点节点）开始，顺箭头方向经过一系列箭线与节点到达该工作为止的各条通路上的所有工作，都称为该工作的先行工作。

10）后续工作

相对于某工作而言，从该工作之后开始，顺箭头方向经过一系列箭线与节点到网络图最后一个节点（终点节点）的各条通路上的所有工作，都称为该工作的后续工作。

2. 网络计划的作用和特点

1）网络计划的作用

（1）利用网络图的形式表达一项工程计划方案中各项工作之间的相互关系和先后顺序关系。

（2）通过网络图各项时间参数的计算，找出计划中关键工作、关键线路和计算工期。

（3）通过网络计划优化，不断改进网络计划的初始安排，找到最优的方案。

（4）在计划实施过程中采取有效措施对其进行控制，以合理使用资源，高效、优质、低耗地完成预定任务。

2）网络计划的特点

网络计划有以下优点。

（1）网络图把施工过程中的各有关工作组成了一个有机的整体，能全面而明确地表达出各项工作开展的先后顺序，反映出各项工作之间相互制约和相互依赖的关系。

（2）能进行各种时间参数的计算。

（3）在名目繁多、错综复杂的计划中找出决定工程进度的关键工作，便于计划管理者集中力量抓主要矛盾，确保工期，避免盲目施工。

（4）能够从许多可行方案中，选出最优方案。

（5）在计划的执行过程中，某一工作由于某种原因推迟或者提前完成时，可以预见到它对整个计划的影响程度，而且能根据变化的情况，迅速进行调整，保证自始至终对计划进行有效的控制与监督。

（6）利用网络计划中反映出的各项工作的时间储备，可以更好地调配人力、物力，以达到降低成本的目的。

（7）网络计划技术的出现与发展使现代化的计算工具——计算机，在建筑施工计划管理中得以应用。

网络计划有以下缺点。

（1）表达计划不直观、不形象，从图上很难看出流水作业的情况。

（2）很难依据普通网络计划（非时标网络计划）计算资源的日用量，但时标网络计划可以克服这一缺点。

（3）编制较难，绘制较麻烦。

3. 网络计划的分类

1）按照绘图符号不同分类

（1）双代号网络计划，即用双代号网络图表示的网络计划。双代号网络图是以箭线及其两端节点的编号表示工作的网络图。

（2）单代号网络计划，即用单代号网络图表示的网络计划。单代号网络图是以节点及其编号表示工作，以箭线表示工作之间逻辑关系的网络图。

2）按照网络计划目标分类

（1）单目标网络计划。它是指只有一个终点节点的网络计划，即网络图只具有一个最终目标。如一个建筑物的施工进度计划只具有一个工期目标的网络计划。

（2）多目标网络计划。它是指终点节点不止一个的网络计划。此种网络计划具有若干个独立的最终目标。

3）按照网络计划时间表达方式分类

（1）时标网络计划，即以时间坐标为尺度绘制的网络计划。在网络图中，每项工作箭线的水平投影长度，与其持续时间成正比。如编制资源优化的网络计划即为时标网络计划。

（2）非时标网络计划，即不按时间坐标绘制的网络计划。在网络图中，工作箭线长度与持续时间无关,可按需要绘制。通常绘制的网络计划都是非时标网络计划。

4) 按照网络计划层次分类

(1) 局部网络计划,即以一个分部工程或施工段为对象编制的网络计划。

(2) 单位工程网络计划,即以一个单位工程为对象编制的网络计划。

(3) 综合网络计划,即以一个建筑项目或建筑群为对象编制的网络计划。

5) 按照工作衔接特点分类

(1) 普通网络计划,即工作间关系均按首尾衔接关系绘制的网络计划,如单代号、双代号和概率网络计划。

(2) 搭接网络计划,即按照各种规定的搭接时距绘制的网络计划,网络图中既能反映各种搭接关系,又能反映相互衔接关系,如前导网络计划。

(3) 流水网络计划,即充分反映流水施工特点的网络计划,包括横道流水网络计划、搭接流水网络计划和双代号流水网络计划。

5.2.2 双代号网络计划

双代号网络图是目前应用较为普遍的一种网络计划形式,它用圆圈箭线表达计划内所要完成的各项工作的先后顺序和相互关系。其中,箭线表示一个施工过程,施工过程名称写在箭线上方,施工持续时间在箭线下方;箭尾表示施工过程开始;箭头表示施工过程结束。箭线两端的圆圈称为节点,在节点内进行编号,用箭尾节点号码 i 和箭头节点号码 j 作为这个施工过程的代号,如图 5-5 所示。由于各施工过程均用两个代号表示,所以叫双代号法,用此办法绘制的网络图叫双代号网络图。

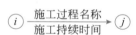

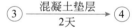

微课:双代号网络计划的概述

图 5-5　双代号网络图的表示方法

1. 双代号网络图的组成

双代号网络图由箭线、节点、节点编号、虚箭线、线路五个基本要素组成。

1) 箭线

(1) 箭线的概念。网络图中一端带箭头的实线即为箭线,一般可分为内向箭线和外向箭线两种。

(2) 箭线的表示方法。

a. 在双代号网络图中,一根箭线表示一项工作,如图 5-6 所示。

b. 每一项工作都要消耗一定的时间和资源。凡是消耗一定时间的施工过程都可作为一项工作。各施工过程用实箭线表示。

c. 箭线的箭尾节点表示一项工作的开始,而箭头节点表示工作的结束。工作的名称(或字母代号)标注在箭线上方,该工作的持续时间标注于箭线下方。如果箭线以垂直线的形式出现,工作的名称通常标注于箭线左方,而工作的持续时间则填写于箭线的右方,如图 5-7 所示。

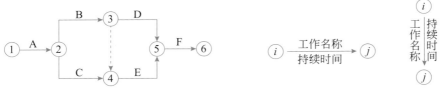

图 5-6 双代号网络图   图 5-7 双代号网络图工作表示方法

d. 在非时标网络图中,箭线的长度不直接反映工作所占用的时间长短。箭线宜画成水平直线,也可画成折线或斜线。水平直线投影的方向应自左向右,表示工作的进行方向。

(3)箭线的作用。在双代号网络图中,一条箭线表示一项工作,又称工序、作业或活动,如砌墙、抹灰等。而工作所包括的范围可大可小,既可以是一道工序,也可以是一个分项工程或一个分部工程,甚至是一个单位工程。

2)节点

(1)节点的概念。在网络图中箭线的出发和交汇处通常画上圆圈,用以标志该圆圈前面一项或若干项工作的结束和允许后面一项或若干项工作的开始的时间点称为节点(也称为结点、事件)。

(2)节点的表示方法。

a. 在网络图中,节点不同于工作,它只标志着工作的结束和开始的瞬间,具有承上启下的衔接作用,而不需要消耗时间或资源。

b. 节点分起点节点、终点节点、中间节点。网络图的第一个节点为起点节点,表示一项计划的开始;最后一个节点称为终点节点,表示一项计划的结束;其余节点都称为中间节点。任何一个中间节点既是其紧前各施工过程的结束节点,又是其紧后各施工过程的开始节点。

(3)节点的作用。在双代号网络图中,节点代表一项工作的开始或结束,用圆圈表示。

3)节点编号

网络图中的每个节点都要编号。节点编号的表示方法如下。

(1)节点编号的顺序是:每一个箭线的箭尾节点代号 i 必须小于箭头节点代号 j,且所有节点代号都是唯一的,如图 5-8 所示。

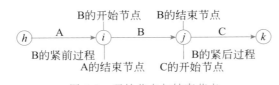

图 5-8 开始节点与结束节点

(2)节点编号宜在绘图完成、检查无误后,顺着箭头方向依次进行。当网络图中的箭线均为由左向右和由上至下时,可采取每行由左向右、由上至下逐行编号的水平编号法;也可采取每列由上至下、由左向右逐列编号的垂直编号法。为了便于修改和调整,可隔号编号。

4)虚箭线

虚箭线又称虚工作,它表示一项虚拟的工作,用带箭头的虚线表示。虚箭线的表示方法如下。

（1）因为虚箭线是虚拟的工作，所以没有工作名称和工作延续时间。箭线过短时可用实箭线表示，但其工作延续时间必须用"0"标出。

（2）因为虚箭线是虚拟的工作，所以既不消耗时间，也不消耗资源。

虚箭线可起到联系、区分和断路作用，是双代号网络图中表达一些工作之间的相互联系、相互制约关系、保证逻辑关系正确的必要手段。

5）线路

网络图中从起点节点开始，沿箭头方向顺序通过一系列箭线与节点，最后到达终点节点的通路，称为线路（见图 5-9）。

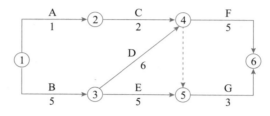

图 5-9 双代号网络示意图

线路的表示方法如下。

（1）每一条线路都有自己确定的完成时间，它等于该线路上各项工作持续时间的总和，称为线路时间。

（2）根据每条线路的线路时间长短，网络图的线路可分为关键线路和非关键线路两种。

（3）关键线路是指网络图中线路时间最长的线路，其线路时间代表整个网络图的计算总工期。关键线路至少有一条，并以粗箭线或双箭线表示。关键线路上的工作都是关键工作，关键工作都没有时间储备。

（4）在网络图中关键线路有时不止一条，可能同时存在几条关键线路，即这几条线路上的持续时间相同且是线路持续时间的最大值。但从管理的角度出发，为了实行重点管理，一般不希望出现太多的关键线路。

（5）关键线路并不是一成不变的。在一定的条件下，关键线路和非关键线路可以相互转化。例如，当采用了一定的技术组织措施，缩短了关键线路上各工作的持续时间，就有可能使关键线路发生转移，使原来的关键线路变成非关键线路，而原来的非关键线路就变成关键线路。

（6）除关键工作外，其余称为非关键工作，它具有机动时间（即时差）。非关键工作也不是一成不变的，它可以转化为关键工作；利用非关键工作的机动时间可以科学、合理地调配资源和对网络计划进行优化。以图 5-9 所示为例，列表计算线路时间的方法如表 5-2 所示。

表 5-2 线路时间

序号	线 路	线长	序号	线 路	线长
1	①—1→②—2→④—5→⑥	8	4	①—5→③—6→④—0→⑤—3→⑥	14
2	①—1→②—2→④—0→⑤—3→⑥	6	5	①—5→③—5→⑤—3→⑥	13
3	①—5→③—6→④—5→⑥	16			

（7）由表 5-2 可知，图 5-9 中共有五条线路，其中第三条线路，即 1—3—4—6 的时间最长，为 16 天，这条线路即为关键线路，该线路上的工作即为关键工作。

2. 双代号网络图的绘制

1）双代号网络图绘制的基本原则

绘制双代号网络图应遵循以下基本原则。

（1）双代号网络图必须正确表达已定的逻辑关系。由于网络图是有向、有序的网状图形，所以必须严格按照工作之间的逻辑关系绘制，这也是为保证工程质量和资源优化配置及合理使用所必需的。例如，已知工作之间的逻辑关系如表 5-3 所示，若绘出网络图 5-10(a)则是错误的，因为工作 A 不是工作 D 的紧前工作。此时，可用虚箭线将工作 A 和工作 D 的联系断开，如图 5-10(b)所示。

表 5-3　逻辑关系表

工作	紧前工作
A	—
B	—
C	A、B
D	B

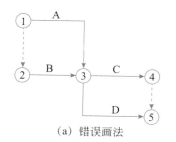 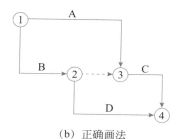

图 5-10　双代号网络图

（2）在双代号网络图中严禁出现循环回路。在网络图中，从一个节点出发沿着某一条线路移动，又回到原出发节点，即在网络图中出现了闭合的循环路线，称为循环回路。如图 5-11(a)中的 2—3—5—2 就是循环回路，它表示的网络图在逻辑关系上是错误的，在工艺关系上是矛盾的。

图 5-11　双代号网络图

（3）双代号网络图中，在节点之间严禁出现双向箭头和无箭头的连线。如图 5-12 所示即为错误的工作箭线画法，因为工作进行的方向不明确，所以不能达到网络图有向的要求。

图 5-12　错误的工作箭线画法

（4）双代号网络图中严禁出现没有箭头节点的箭线或没有箭尾节点的箭线。如图 5-13 所示即为错误的工作箭线画法。

图 5-13　错误的工作箭线画法

（5）当双代号网络图的某些节点有多条外向箭线或多条内向箭线时，在保证一项工作有唯一的一条箭线和对应的一对节点编号的前提下，可使用母线法绘图。当箭线线形不同时，可在从母线上引出的支线上标出，如图 5-14 所示。

（6）绘制网络图时，箭线不宜交叉，当交叉不可避免时，可用过桥法或指向法，如图 5-15 所示。

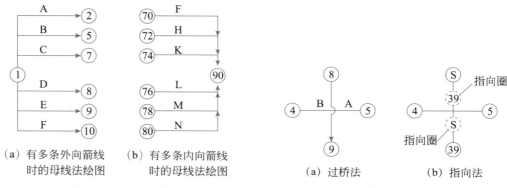

图 5-14　母线法绘图　　　　　　　　图 5-15　箭线交叉的表示方法

（7）双代号网络图是由许多条线路组成的、环环相套的封闭图形，应只有一个起点节点，在不分期完成任务的网络图中，应只有一个终点节点，而其他所有节点均是中间节点（既有指向它的箭线，又有背离它的箭线）。图 5-16（a）所示网络图中有两个起点节点①和②，两个终点节点⑦和⑧。该网络图的正确画法如图 5-16（b）所示，即将节点①和②合并为一个起点节点，将节点⑦和⑧合并为一个终点节点。

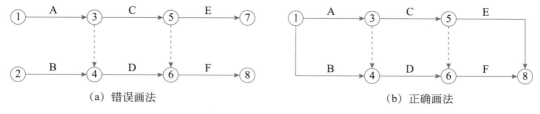

（a）错误画法　　　　　　　　　　　　　　　（b）正确画法

图 5-16　存在多个起点节点和多个终点节点的网络图

2）双代号网络图绘制的方法

当已知每一项工作的紧前工作时，可按下述步骤绘制双代号网络图。

（1）绘制没有紧前工作的工作箭线，使它们具有相同的开始节点，以保证网络图只有一个起点节点。

（2）依次绘制其他工作箭线。这些工作箭线的绘制条件是，其所有紧前工作箭线都已经绘制出来。当所要绘制的工作只有一项紧前工作时，则将该工作箭线直接画在其紧前工作箭线之后即可。当所要绘制的工作有多项紧前工作时，应按以下四种情况分别予以考虑。

① 对于所要绘制的工作（本工作）而言，如果在其紧前工作中存在一项只作为本工作紧前工作的工作（即在紧前工作栏目中，该紧前工作只出现一次），则应将本工作箭线直接画在该紧前工作箭线之后，然后用虚箭线将其他紧前工作箭线的箭头节点与本工作箭线的箭尾节点分别相连，以表达它们之间的逻辑关系。

② 对于所要绘制的工作（本工作）而言，如果在其紧前工作中存在多项只作为本工作紧前工作的工作，应先将这些紧前工作箭线的箭头节点合并，再从合并后的节点开始，画出本工作箭线，最后用虚箭线将其他紧前工作箭线的箭头节点与本工作箭线的箭尾节点分别相连，以表达它们之间的逻辑关系。

③ 对于所要绘制的工作（本工作）而言，如果不存在情况 a_n 和情况 b_n 时，应判断本工作的所有紧前工作是否都同时作为其他工作的紧前工作（即在紧前工作栏目中，这几项紧前工作是否均同时出现若干次）。如果上述条件成立，应先将这些紧前工作箭线的箭头节点合并，再从合并后的节点开始画出本工作箭线。

④ 对于所要绘制的工作（本工作）而言，如果既不存在情况 a_n 和情况 b_n，也不存在情况 c_n 时，则应将本工作箭线单独画在其紧前工作箭线之后的中部，然后用虚箭线将其各紧前工作箭线的箭头节点与本工作箭线的箭尾节点分别相连，以表达它们之间的逻辑关系。

（3）当各项工作箭线都绘制出来之后，应合并那些没有紧后工作的工作箭线的箭头节点，以保证网络图只有一个终点节点（多目标网络计划除外）。

（4）按照各道工作的逻辑顺序将网络图绘好以后，就要给节点进行编号。编号的目的是赋予每道工作一个代号，便于进行网络图时间参数的计算。当采用计算机来进行计算时，工作代号就显得尤为必要。

编号的基本要求是：箭尾节点的号码应小于箭头节点的号码（$i<j$），同时任何号码不得在同一张网络图中重复出现。但是号码可以不连续，即中间可以跳号，如编成 1，3，5，……或 10，15，20，……均可。这样做的好处是将来需要临时加入工作时不致打乱全图的编号。

为了保证编号能符合要求，编号应先用打算使用的最小数编起点节点的代号，以后的编号每次都应比前一代号大，而且只有指向一个节点的所有工作的箭尾节点全部编好代号，这个节点才能编一个比所有已编号码都大的代号。

编号的方法有水平编号法和垂直编号法两种。

水平编号法就是从起点节点开始由上到下逐行编号，每行则自左向右按顺序编排，如图 5-17 所示。

垂直编号法就是从起点节点开始自左向右逐列编号，每列则根据编号规则的要求或自上而下，或自下而上，或先上下后中间，或先中间后上下进行编排，如图 5-18 所示。

以上所述是已知每一项工作的紧前工作时的绘图方法，当已知每一项工作的紧后工作时，也可按类似的方法进行网络图的绘制，只是其绘图顺序由前述的从左向右改为从右向左。

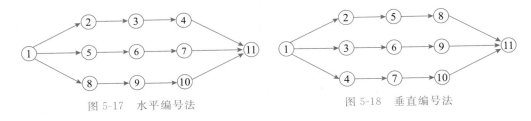

图 5-17　水平编号法　　　　　　　　　　图 5-18　垂直编号法

3）双代号网络图常见错误画法

在双代号网络图绘制过程中，容易出现的错误画法如表 5-4 所示。

表 5-4　双代号网络图常见错误画法

工作约束关系	错 误 画 法	正 确 画 法
A、B、C 都完成后 D 才能开始，C 完成后 E 即可开始		
A、B 都完成后 H 才能开始；B、C、D 都完成后 F 才能开始，C、D 都完成后 G 即可开始		
A、B 两项工作，分三段施工		
某混凝土工程，分三段施工		
装修工程在三个楼层交叉施工		
A、B、C 三个工作同时开始，都结束后 H 才能开始		

4）绘制双代号网络图应注意的问题

（1）在保证网络逻辑关系正确的前提下，图面布局要合理，层次要清晰，重点要突出。

（2）密切相关的工作尽可能相邻布置，以减少箭线交叉；如无法避免箭线交叉时，可采用过桥法表示。

（3）尽量采用水平箭线或折线箭线；关键工作及关键线路要以粗箭线或双箭线表示。

（4）正确使用网络图断路方法，将没有逻辑关系的有关工作用虚工作加以隔断。

（5）为使图面清晰，要尽可能地减少不必要的虚工作。

（6）在正式画图之前，应先画一个草图。不求整齐美观，只要求工作之间的逻辑关系能够得到正确的表达，线条长短曲直、穿插迂回都可不必计较。经过检查无误之后，就可进行图面的设计。安排好节点的位置，注意箭线的长度，尽量减少交叉，除虚箭线外，所有箭线均采用水平直线或带部分水平直线的折线，保持图面匀称、清晰、美观。最后进行节点编号。

5）建筑施工进度网络图的排列方法

为使网络计划能更确切地反映建筑工程施工特点，绘图时可根据不同的工程情况、施工组织和使用要求灵活排列，以简化层次，使各个工作在工艺上和组织上的逻辑关系更清晰，便于计算和调整。建筑工程施工网络计划主要有以下几种排列方法。

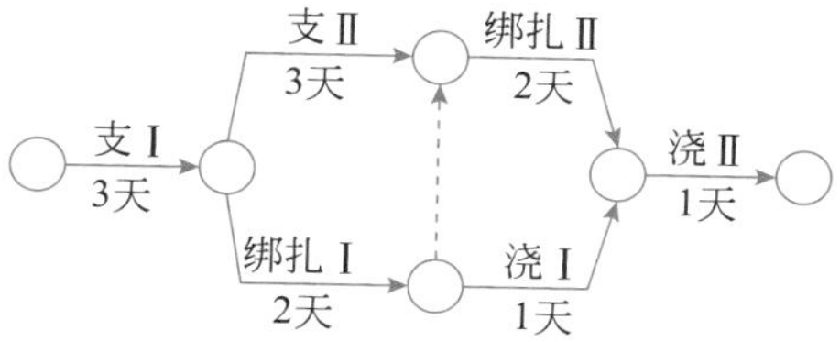

（1）混合排列法。混合排列法是根据施工顺序和逻辑关系将各施工过程对称排列，如图 5-19 所示。

（2）按施工段排列法。按施工段排列法是将同一施工段的各项工作排列在同一水平线上的方法，如图 5-20 所示。此时网络计划突出表示工作面的连续或工作队的连续。

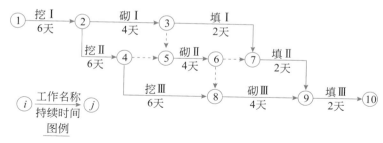

图 5-19　混合排列法示意图

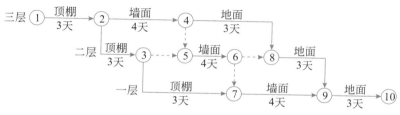

图 5-20　按施工段排列法示意图

（3）按施工层排列法。如果在流水作业中，若干个不同工种工作沿着建筑物的楼层展开时，可以把同一楼层的各项工作排在同一水平线上。图 5-21 所示是室内装修工程的三项工作，按施工层（以楼层为施工层）自上而下的流向进行施工的网络图。

三层 ① 顶棚 3天 → ② 墙面 4天 → ④ 地面 3天 →

二层 顶棚 3天 → ③ 墙面 4天 → ⑤ ⑥ → ⑧ 地面 3天 →

一层 顶棚 3天 → ⑦ 墙面 4天 → ⑨ 地面 3天 → ⑩

图 5-21　按施工层排列法示意图

（4）按工种排列法。按工种排列法是将同一工种的各项工作排列在同一水平方向上的方法,如图 5-22 所示。此时网络计划突出表示工种的连续作业。必须指出,上述几种排列方法往往在一个单位工程的施工进度网络计划中同时出现。此外,还有按施工或专业单位排列法、按栋号排列法、按分部工程排列法等。原理同前面几种排列法一样,在此不一一赘述。在实际工作中可以按使用要求灵活选用以上几种网络计划的排列方法。

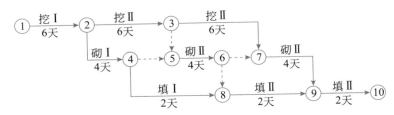

图 5-22　按工种排列法示意

6）双代号网络图画法举例

【例 5-1】　根据表 5-5 中各施工过程的逻辑关系,绘制双代号网络图。

表 5-5　某工程各施工过程的逻辑关系

施工过程名称	A	B	C	D	E	F	G	H
紧前过程	—	—	—	A	A、B	A、B、C	D、E	E、F
紧后过程	D、E、F	E、F	F	G	G、H	H	I	I

解:绘制该网络图,可按下面要点进行。

(1) 由于 A、B、C 均无紧前工作,A、B、C 必然为平行开工的三个过程。

(2) D 只受 A 控制,E 同时受 A、B 控制,F 同时受 A、B、C 控制,故 D 可直接排在 A 后,E 排在 B 后,但用虚箭线同 A 相连,F 排在 C 后,用虚线与 A、B 相连。

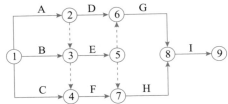

(3) G 在 D 后,但又受控于 E,故 E 与 G 应用虚箭线相连,H 在 F 后,但也受控于 E,故 E 与 H 应用虚箭线相连。

(4) G、H 交汇于 I。

综上所述,绘出其网络图,如图 5-23 所示。

图 5-23　网络图绘制

3. 双代号网络计划时间参数计算

双代号网络计划时间参数计算的目的在于通过计算各项工作的时间参数,确定网络计划的关键工作、关键线路和计算工期。确定关键线路,在工作中才能抓住主要矛盾,向关键线路要时间;计算非关键线路上的富余时间,明确其存在多少机动时间,向非关键线路要劳力、要资源;为网络计划的优化、调整和执行提供明确的时间参数和依据。双代号网络计划时间参数的计算方法很多,一般常用的有按工作计算法和按节点计算法;在计算方式上又有分析计算法、图上计算法、表上计算法、矩阵计算法和计算机计算法等。

1）时间参数的基本概念

(1) 工作持续时间

工作持续时间是指一项工作从开始到完成的时间。在双代号网络计划中,工作 $i-j$ 的

持续时间用 D_{i-j} 表示。

（2）工期

工期泛指完成一项任务所需要的时间。在网络计划中，工期一般有以下三种。

① 计算工期。计算工期是根据网络计划时间参数计算而得到的工期，用 T_c 表示。

② 要求工期。要求工期是任务委托人所提出的指令性工期，用 T_r 表示。

③ 计划工期。计划工期是指根据要求工期和计算工期所确定的作为实施目标的工期，用 T_p 表示。

当已规定了要求工期时，计划工期不应超过要求工期，即

$$T_p \leqslant T_r$$

当未规定要求工期时，可令计划工期等于计算工期，即

$$T_p = T_c$$

（3）时间参数的计算内容

① 节点时间计算：逐一计算每一个节点的最早和最迟时间（时刻），同时得到计划总工期，包括两种时间参数的计算。

② 工作时间计算：逐一计算每一项工作的最早与最迟开始时间（时刻）和最早与最迟完成时间（时刻），包括四种时间参数的计算。

③ 时差（机动时间）计算：时差有多种类型。

（4）节点的两个时间参数

① 节点最早时间。节点最早时间是指在双代号网络计划中，以该节点为开始节点的各项工作的最早开始时间。节点 i 的最早时间用 ET_i 表示。

② 节点最迟时间。节点最迟时间是指在双代号网络计划中，以该节点为完成节点的各项工作的最迟完成时间。节点 i 的最迟时间用 LT_i 表示。

（5）工作的时间参数

① 最早开始时间。工作的最早开始时间是指在其所有紧前工作全部完成后，本工作有可能开始的最早时刻。工作 $i-j$ 的最早开始时间用 ES_{i-j} 表示。

② 最早完成时间。工作的最早完成时间是指在其所有紧前工作全部完成后，本工作有可能完成的最早时刻。工作的最早完成时间等于本工作的最早开始时间与其持续时间之和。工作 $i-j$ 的最早完成时间用 LS_{i-j} 表示。

③ 最迟完成时间。工作的最迟完成时间是指在不影响整个任务按期完成的前提下，本工作必须完成的最迟时刻。工作 $i-j$ 的最迟完成时间用 LF_{i-j} 表示。

④ 最迟开始时间。工作的最迟开始时间是指在不影响整个任务按期完成的前提下，本工作必须开始的最迟时刻。工作的最迟开始时间等于本工作的最迟完成时间与其持续时间之差。工作 $i-j$ 的最迟开始时间用 LS_{i-j} 表示。

⑤ 总时差。工作的总时差是指在不影响总工期的前提下，本工作可以利用的机动时间。但是在网络计划的执行过程中，如果利用某项工作的总时差，则有可能使该工作后续工作的总时差减小。工作 $i-j$ 的总时差用 TF_{i-j} 表示。

⑥ 自由时差。工作的自由时差是指在不影响其紧后工作最早开始时间的前提下，本工

作可以利用的机动时间。在网络计划的执行过程中,工作的自由时差是该工作可以自由使用的时间。工作 $i-j$ 的自由时差用 FF_{i-j} 表示。

2)时间参数的计算方法

(1)分析计算法

分析计算法是根据各项时间参数计算公式,列式计算时间参数的方法。

① 节点时间参数的计算。

a. 节点最早时间(ET)的计算。节点最早时间指从该节点开始的各工作可能的最早开始时间,等于以该节点为结束点的各工作可能最早完成时间的最大值。节点最早时间可以统一表明以该节点为开始节点的所有工作最早的可能开工时间。

节点 Z 的最早时间 ET,应从网络计划的起点节点开始,顺着箭线方向,依次逐项计算,并应符合下列规定。

起点节点 i 如未规定最早时间,其值应等于零,即

$$ET_i = 0(i=1) \tag{5-21}$$

当节点 j 只有一条内向箭线时,其最早时间为

$$ET_j = ET_i + D_{i-j} \tag{5-22}$$

当节点 j 有多条内向箭线时,其最早时间 ET_j 应为

$$ET_j = \max\{ET_i + D_{i-j}\} \tag{5-23}$$

式中:ET_i——工作 $i-j$ 的开始节点 i 的最早时间;

ET_j——工作 $i-j$ 的完成节点 j 的最早时间;

D_{i-j}——工作 $i-j$ 的持续时间。

b. 节点最迟时间(LT)的计算。节点最迟时间是指以某一节点为结束点的所有工作必须全部完成的最迟时间,也就是在不影响计划总工期的条件下,该节点必须完成的时间。由于它可以统一表示到该节点结束的任一工作必须完成的最迟时间,但却不能统一表明从该节点开始的各不同工作最迟必须开始的时间,所以也可以把它看作节点的各紧前工作最迟必须完成时间。

节点 i 的最迟时间 LT,应从网络计划的终点节点开始,逆着箭线方向依次逐项计算,当部分工作分期完成时,有关节点的最迟时间必须从分期完成节点开始逆向逐项计算。

终点节点 n 的最迟时间应按网络计划的计划工期 T_p 确定,即

$$LT_n = T_p \tag{5-24}$$

分期完成节点的最迟时间应等于该节点规定的分期完成时间。

其他节点 i 的最迟时间 LT,应为

$$LT_i = \min\{LT_j - D_{i-j}\} \tag{5-25}$$

式中:LT_i——工作 $i-j$ 开始节点 i 的最迟时间;

LT_j——工作 $i-j$ 完成节点 j 的最迟时间;

D_{i-j}——工作 $i-j$ 的持续时间。

② 工作时间参数的计算。工作时间是指各工作的开始时间和完成时间,共有四个参数,即最早可能开始时间、最早可能完成时间、最迟必须开始时间、最迟必须完成时间。工作时间是以工作为对象计算的。计算工作时间必须包括网络图中的所有工作,对虚工作最好也进行计算,否则容易产生错误,给以后分析时差带来不便。

a. 工作最早开始时间(ES)的计算。工作的最早开始时间指各紧前工作(紧排在本工作之前的工作)全部完成后,本工作有可能开始的最早时刻。工作 $i-j$ 的最早开始时间 ES_{i-j} 的计算应符合下列规定。

工作 $i-j$ 的最早开始时间 ES_{i-j} 应从网络计划的起点节点开始,顺着箭线方向依次逐项计算。

以起点节点 i 为箭尾节点的工作 $i-j$,当未规定其最早开始时间 ES_{i-j} 时,其值应等于零,即

$$ES_{i-j} = 0 \quad (i=1) \tag{5-26}$$

当工作 $i-j$ 只有一项紧前工作 $h-i$ 时,其最早开始时间 ES_{i-j} 应为

$$ES_{i-j} = ES_{h-j} + D_{h-i} \tag{5-27}$$

当工作 $i-j$ 有多项紧前工作时,其最早开始时间 ES_{i-j} 为

$$ES_{i-j} = \max\{ES_{h-j} + D_{h-i}\} \tag{5-28}$$

式中:ES_{i-j}——工作 $i-j$ 的最早开始时间;

ES_{h-i}——工作 $i-j$ 的紧前工作 $h-i$ 的最早开始时间;

D_{h-i}——工作 $i-j$ 的紧前工作 $h-i$ 的持续时间。

b. 工作最早完成时间(EF)的计算。工作最早完成时间指各紧前工作完成后,本工作有可能完成的最早时刻。工作 $i-j$ 的最早完成时间 ES_{i-j} 应按下式进行计算:

$$EF_{i-j} = ES_{i-j} + D_{i-j} \tag{5-29}$$

c. 工作最迟完成时间(LF)的计算。工作最迟完成时间指在不影响整个任务按期完成的前提下,工作必须完成的最迟时刻。

工作 $i-j$ 的最迟完成时间 LF_{i-j} 应从网络计划的终点节点开始,逆着箭线方向依次逐项计算。

以终点节点$(j=n)$为箭头节点的工作的最迟完成时间 LF_{i-n},应按网络计划的计划工期 T_p 确定,即

$$LF_{i-n} = T_p \tag{5-30}$$

其他工作 $i-j$ 的最迟完成时间 LF_{i-j} 应按下式计算:

$$LF_{i-j} = \min\{LF_{j-k} - D_{j-k}\} \tag{5-31}$$

式中:LF_{j-k}——工作 $i-j$ 的各项紧后工作 $j-k$ 的最迟完成时间;

　　　　D_{j-k}——工作 $i-j$ 的各项紧后工作（紧排在本工作之后的工作）的持续时间。

　　d. 工作最迟开始时间（LS）的计算。工作的最迟开始时间指在不影响整个任务按期完成的前提下，工作必须开始的最迟时刻。工作的最迟开始时间 LS_{i-j} 应按下式计算：

$$LS_{i-j} = LF_{i-j} - D_{i-j} \tag{5-32}$$

　　③ 时差计算。时差就是一项工作在施工过程中可以灵活机动使用而又不致影响总工期的一段时间。在双代号网络图中，节点是前后工作的交接点，它本身是不占用任何时间的，所以也就无时差可言。所谓时差，就是指工作的时差，只有工作才有时差。任何一个工作都只能在下述两个条件所限制的时间范围内活动：工作有了应有的工作面和人力、设备，因而有了可能开始工作的条件。工作的最后完工不致影响其紧后工作按时完工，从而得以保证整个工作按期完成。

　　下面介绍较常用的工作总时差和自由时差的计算。

　　a. 总时差（TF）的计算。在网络图中，工作只能在最早开始时间与最迟完成时间内活动。在这段时间内，除了满足本工作作业时间所需之外，还可能有富余的时间，这富余的时间是工作可以灵活机动使用的总时间，称为工作的总时差。由此可知，工作的总时差是不影响本工作按最迟开始时间开工而形成的机动时间，其计算公式为

$$TF_{i-j} = LF_{i-j} - EF_{i-j} = LS_{i-j} - ES_{i-j} = LT_j - (ET_i + D_{i-j}) \tag{5-33}$$

式中：TF_{i-j}——工作 $i-j$ 的总时差。

　　其余符号意义同前。

　　b. 自由时差（FF）的计算。自由时差就是在不影响其紧后工作最早开始时间的条件下，某工作所具有的机动时间。某工作利用自由时差，变动其开始时间或增加其工作持续时间均不影响其紧后工作的最早开始时间。工作自由时差的计算应按以下两种情况分别考虑。

　　对于有紧后工作的工作，其自由时差等于本工作的紧后工作最早开始时间与本工作最早完成时间之差的最小值，即

$$FF_{i-j} = \min\{ES_{j-k} - EF_{i-j}\} = \min\{ES_{j-k} - ES_{i-j} - D_{i-j}\} \tag{5-34}$$

式中：FF_{i-j}——工作 $i-j$ 的自由时差。

　　其余符号意义同前。

　　对于无紧后工作的工作，也就是以网络计划终点节点为完成节点的工作，其自由时差等于计划工期与本工作最早完成时间之差，即

$$FF_{i-n} = T_p - EF_{i-n} = T_p - ES_{i-n} - D_{i-n} \tag{5-35}$$

式中：FF_{i-n}——以网络计划终点节点 n 为完成节点的工作 $i-n$ 的自由时差；

　　　　T_p——网络计划的计划工期；

　　　　EF_{i-n}——以网络计划终点节点 n 为完成节点的工作 $i-n$ 的最早完成时间；

　　　　ES_{i-n}——以网络计划终点节点 n 为完成节点的工作 $i-n$ 的最早开始时间；

　　　　D_{i-n}——以网络计划终点节点 n 为完成节点的工作 $i-n$ 的持续时间。

　　需要指出的是，对于网络计划中以终点节点为完成节点的工作，其自由时差与总时差相

等。此外,由于工作的自由时差是其总时差的构成部分,所以,当工作的总时差为零时,其自由时差必然为零,可不必进行专门计算。

④ 关键工作和关键线路的确定。在网络计划中,总时差最小的工作应为关键工作。当计划工期等于计算工期时,总时差为零($TF_{i-j}=0$)的工作为关键工作。

在网络计划中,自始至终全部由关键工作组成的线路或线路上总的工作持续时间最长的线路应为关键线路。在关键线路上可能有虚工作存在。

关键线路在网络图上应用粗线、双线或彩色线标注。关键线路上各项工作的持续时间总和应等于网络计划的计算工期,这一特点也是判断关键线路是否正确的准则。

（2）图上计算法

图上计算法简称图算法,是指按照各项时间参数计算公式的程序,直接在网络图上计算时间参数的方法。由于计算过程在图上直接进行,不需列计算公式,既快捷又不易出错,计算结果直接标注在网络图上,一目了然,同时也便于检查和修改,因此比较常用。

节点时间参数通常标注在节点的上方或下方,其标注方法如图 5-24(a)所示。工作时间参数通常标注在工作箭线的上方或左侧,如图 5-24(b)所示。计算方法如下。

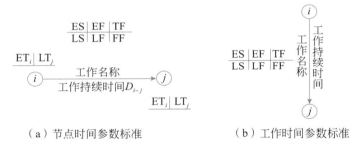

（a）节点时间参数标准　　　　（b）工作时间参数标准

图 5-24　双代号网络图时间参数标注方法

（1）计算节点最早时间(ET)。与分析计算法一样,从起点节点顺箭头方向逐节点计算,起点节点的最早时间规定为零,其他节点的最早时间可采用"沿线累加、逢圈取大"的计算方法。也就是从网络的起点节点开始,沿着每条线路将各工作的作业时间累加起来,在每一个圆圈（即节点）处选取到达该圆圈的各条线路累计时间的最大值,这个最大值就是该节点最早的开始时间。终点节点的最早时间是网络图的计划工期,为醒目起见,将计划工期标在终点节点边的方框中。

（2）计算节点最迟时间(LT)。与分析计算法一样,从终点节点逆箭头方向逐节点计算,终点节点最迟时间等于网络图的计划工期,其他节点的最迟时间可采用"逆线累减、逢圈取小"的计算方法。也就是从网络图的终点节点开始逆着每条线路将计划总工期依次减去各工作的作业时间,在每一圆圈处取其后续线路累减时间的最小值,就是该节点的最迟时间。

（3）工作时间参数与时差的计算方法与分析计算法相同,计算时将计算结果填入图中相应位置即可。

计算时间参数方法如下。

（1）计算工作的最早开始时间和最早完成时间。工作最早开始时间和最早完成时间的计算应从网络计划的起点节点开始,顺着箭线方向依次进行,其计算步骤如下。

① 以网络计划起点节点为开始节点的工作,当未规定其最早开始时间时,其最早开始时间为零。

② 工作的最早完成时间可利用公式(4-16)进行计算:

$$EF_{i-j} = ES_{i-j} + D_{i-j} \tag{5-36}$$

式中:EF_{i-j}——工作 $z-j$ 的最早完成时间;

   ES_{i-j}——工作 $i-j$ 的最早开始时间;

   D_{i-j}——工作 $i-j$ 的持续时间。

③ 其他工作的最早开始时间应等于其紧前工作(包括虚工作)最早完成时间的最大值,按式(4-17)计算:

$$ES_{i-j} = \max\{EF_{h-i}\} = \max\{ES_{h-i} + D_{h-i}\} \tag{5-37}$$

式中:ES_{i-j}——工作 $i-j$ 的最早开始时间;

   EF_{h-j}——工作 $i-j$ 的紧前工作 $h-i$ 的最早完成时间;

   ES_{h-i}——工作 $i-j$ 的紧前工作 $h-i$ 的最早开始时间;

   D_{h-i}——工作 $i-j$ 的紧前工作 $h-i$ 的持续时间。

④ 网络计划的计算工期应等于以网络计划终点节点为完成节点的工作的最早完成时间的最大值,按式(5-38)计算:

$$T_c = \max\{EF_{i-n}\} = \max\{ES_{i-n} + D_{i-n}\} \tag{5-38}$$

式中:T_c——网络计划的计算工期;

   EF_{i-n}——以网络计划终点节点 n 为完成节点的工作的最早完成时间;

   ES_{i-n}——以网络计划终点节点 n 为完成节点的工作的最早开始时间;

   D_{i-n}——以网络计划终点节点 n 为完成节点的工作的持续时间。

(2) 确定网络计划的计划工期。网络计划的计划工期应按式 $T_p < T_r$ 或 $T_p = T_c$ 确定。

(3) 计算工作的最迟完成时间和最迟开始时间。工作最迟完成时间和最迟开始时间的计算应从网络计划的终点节点开始,逆着箭线方向依次进行,其计算步骤如下。

① 以网络计划终点节点为完成节点的工作,其最迟完成时间等于网络计划的计划工期,按式(5-39)计算:

$$LF_{i-n} = T_p \tag{5-39}$$

式中:LF_{i-n}——以网络计划终点节点 n 为完成节点的工作的最迟完成时间;

   T_p——网络计划的计划工期。

② 工作的最迟开始时间可利用式(5-40)进行计算:

$$LS_{i-j} = LF_{i-j} - D_{i-j} \tag{5-40}$$

式中:LS_{i-j}——工作 $i-j$ 的最迟开始时间;

   LF_{i-j}——工作 $i-j$ 的最迟完成时间;

   D_{i-j}——工作 $i-j$ 的持续时间。

③ 其他工作的最迟完成时间应等于其紧后工作(包括虚工作)最迟开始时间的最小值,即

$$LF_{i-j} = \min\{LS_{j-k}\} = \min\{LF_{j-k} - D_{j-k}\} \tag{5-41}$$

式中:LF_{i-j}——工作 $i-j$ 的最迟完成时间;

　　LS_{j-k}——工作 $i-j$ 的紧后工作 $j-i$ 的最迟开始时间;

　　LF_{j-k}——工作 $i-j$ 的紧后工作 $j-i$ 的最迟完成时间;

　　D_{j-k}——工作 $i-j$ 的紧后工作 $j-k$ 的持续时间。

(4)计算工作的总时差。工作的总时差是指在不影响总工期的前提下,本工作可以利用的机动时间。

工作的总时差等于该工作最迟完成时间与最早完成时间之差,或该工作最迟开始时间与最早开始时间之差,按式(4-22)计算

$$TF_{i-j} = LF_{i-j} - EF_{i-j} = LS_{i-j} - ES_{i-j} \tag{5-42}$$

式中:TF_{i-j}——工作 $i-j$ 的总时差。

其余符号同前。

(5)计算工作的自由时差。工作的自由时差是指在不影响其紧后工作最早开始时间的前提下,本工作可以利用的机动时间。工作自由时差的计算应按以下两种情况分别考虑。

① 对于有紧后工作的工作,其自由时差等于本工作之紧后工作最早开始时间与本工作最早完成时间之差,即

$$FF_{i-j} = ES_{j-k} - EF_{i-j} = ES_{j-k} - ES_{i-j} - D_{i-j} \tag{5-43}$$

式中:FF_{i-j}——工作 $i-j$ 的自由时差;

　　ES_{j-k}——工作 $i-j$ 的紧后工作 $j-k$ 的最早开始时间;

　　EF_{i-j}——工作 $i-j$ 的最早完成时间;

　　ES_{i-j}——工作 $i-j$ 的最早开始时间;

　　D_{i-j}——工作 $i-j$ 的持续时间。

② 对于无紧后工作的工作,也就是以网络计划终点节点为完成节点的工作,其自由时差等于计划工期与本工作最早完成时间之差,即

$$FF_{i-n} = T_p - EF_{i-n} = T_p - ES_{i-n} - D_{i-n} \tag{5-44}$$

式中:FF_{i-n}——以网络计划终点节点 n 为完成节点的工作 $i-n$ 的自由时差;

　　T_p——网络计划的计划工期;

　　EF_{i-n}——以网络计划终点节点 n 为完成节点的工作 $i-n$ 的最早完成时间。

其余符号同前。

需要指出的是,对于网络计划中以终点节点为完成节点的工作,其自由时差与总时差相等。此外,由于工作的自由时差是其总时差的构成部分,所以,当工作的总时差为零时,其自由时差必然为零,可不必进行专门计算。

(6)确定关键工作和关键线路。在网络图计划中,总时差最小的工作为关键工作。当

网络计划的计划工期等于计算工期时,总时差为零的工作就是关键工作。

找出关键工作之后,将这些关键工作首尾相连,便至少构成一条从起点节点到终点节点的通路,通路上各项工作的持续时间总和最大的就是关键线路。在关键线路上可能有虚工作存在。

关键线路一般用粗箭线或双线箭线标出,也可以用彩色箭线标出。关键线路上各项工作的持续时间总和应等于网络计划的计算工期,这一特点也是判别关键线路是否正确的准则。

5.2.3 单代号网络计划

单代号网络计划是在工作流程图的基础上演绎而成的网络计划形式。由于它具有绘图简便、逻辑关系明确、易于修改等优点,因此在国内外日益受到重视,其应用范围和表达功能也在不断发展和壮大。单代号网络图与双代号网络图一样,均由节点和箭线两种基本符号组成。不同的是,单代号网络图用节点表示工序,用箭线表达工序之间的逻辑关系。在单代号网络图中,每一个节点表示一道工序,且有唯一的编号,因此,可用一个节点编号表示唯一的工序。

1. 单代号网络图的组成

单代号网络图由节点、箭线和节点编号三个基本要素组成。

1) 节点

在单代号网络图中,通常将节点画成一个圆圈或方框,一个节点代表一项工作。节点所表示的工作名称、持续时间和节点编号都标注在圆圈和方框内,如图5-25所示。

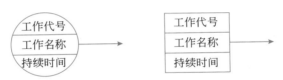

图 5-25 单代号网络图中节点表示方法

在单代号网络图中,箭线既不占用时间,也不消耗资源,只表示紧邻工作之间的逻辑关系,箭线应画成水平直线、折线或斜线,箭线的箭头指向为工作进行方向,箭尾节点表示的工作为箭头节点工作的紧前工作。单代号网络图中无虚箭线。

2) 节点编号

单代号网络图的节点编号用一个单独编号表示一项工作,编号原则和双代号相同,也应从小到大,从左往右,箭头编号大于箭尾编号;一项工作只能有一个代号,不得重号,如图5-26所示。

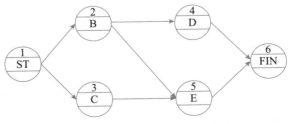

图 5-26 单代号网络图节点编号

ST—开始节点;FIN—完成节点

2. 单代号网络图的绘制

1）单代号网络图绘制的基本原则

在绘制单代号网络图时，一般应遵循以下基本原则。

（1）正确表达已定的逻辑关系。在单代号网络图中，工作之间逻辑关系的表示方法比较简单，表5-6是用单代号表示的几种常见逻辑关系。

表 5-6 单代号网络图逻辑关系表示方法

序 号	工作间的逻辑关系	单代号网络图的表示方法
1	A、B、C 三项工作依次完成	ⓐ→ⓑ→ⓒ
2	A、B 完成后进行 D	ⓐ、ⓑ→ⓓ
3	A 完成后，B、C 同时开始	ⓐ→ⓑ、ⓒ
4	A 完成后进行 C，A、B 完成后进行 D	ⓐ→ⓒ，ⓑ→ⓓ

（2）单代号网络图中，严禁出现循环回路。

（3）单代号网络图中，严禁出现双向箭头或无箭头的连线。

（4）单代号网络图中，严禁出现没有箭尾节点的箭线和没有箭头节点的箭线。

（5）绘制网络图时，箭线不宜交叉。当交叉不可避免时，可采用过桥法和指向法绘制。

（6）单代号网络图应只有一个起点节点和一个终点节点；当网络图中有多个起点节点或多个终点节点时，应在网络图的两端分别设置一项虚工作，作为该网络图的起点节点和终点节点，如图 5-27 所示。网络图中再无任何其他虚工作。

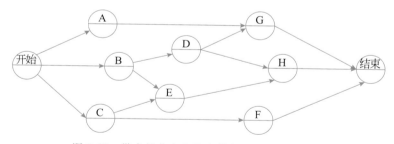

图 5-27 带虚拟节点和终点节点的单代号网络图

2）单代号网络图绘制的基本方法

（1）在保证网络逻辑关系正确的前提下，图面布局要合理，层次要清晰，重点要突出。

（2）尽量避免交叉箭线。交叉箭线容易造成线路逻辑关系混乱，绘图时应尽量避免。无法避免时，对于较简单的相交箭线，可采用过桥法处理。如图 5-28（a）所示，C、D 是 A、B 的紧后工作，不可避免地出现了交叉，用过桥法处理后网络图如图 5-28（b）所示。较复杂的相交线路可采用增加中间虚拟节点的办法进行处理，以简化图面。如图 5-29（a）所示，D、F、G 是 A、B、C 的紧后工作，出现了较复杂的交叉箭线，这时可增加一个中间虚拟节点（一个空圈),化解交叉箭线,如图5-29(b)所示。

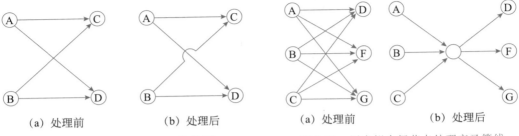

(a) 处理前   (b) 处理后

图5-28   用过桥法处理交叉箭线图

(a) 处理前   (b) 处理后

图5-29   用虚拟中间节点处理交叉箭线

3) 单代号网络图与双代号网络图的比较

(1) 单、双代号网络图的符号虽然一样,但含义正好相反。单代号网络图以节点表示工作;双代号网络图以箭线表示工作。

(2) 单代号网络图逻辑关系表达简单,只使用实箭线指明工作之间的关系即可,有时要用虚拟节点进行构图和简化图面,其用法也很简单;双代号网络图逻辑关系处理相对较复杂,特别是要用好虚工作进行构图和处理好逻辑关系。

(3) 单代号网络图在使用中不如双代号网络图直观、方便。双代号网络图形象直观,若绘成时标网络图,工作历时、机动时间、工作的开始时间与结束时间、关键线路长度等都可以表示得一清二楚,便于绘制资源需用量动态曲线。

(4) 根据单代号网络图的编号不能确定工作间的逻辑关系,而双代号网络图可以通过节点编号明确确定工作间的逻辑关系。如在双代号网络图中,②—③一定是③—⑥的紧前工作。

(5) 双代号网络图在应用计算机进行计算和优化时更为简便。这是因为双代号网络图中用两个代号代表不同工作,可直接反映其紧前工作或紧后工作的关系。而单代号网络图就必须按工序逐个列出其紧前、紧后工作关系,这在计算机中需占用更多的存储单元。

由此可看出,双代号网络图的优点比单代号网络图突出。但是,由于单代号网络图绘制简便,此外一些发展起来的网络技术,如决策网络、搭接网络等都是以单代号网络图为基础的,因此越来越多的人开始使用单代号网络图。近年来,人们对单代号网络图进行了改进,可以画成时标形式,更利于单代号网络图的推广与应用。

3. 单代号网络图时间参数计算

因为单代号网络图的节点代表工作,所以单代号网络计划没有节点时间参数,只有工作时间参数和工作时差,即工作 i 的最早开始时间(ES_i)、最早完成时间(EF_i)、最迟开始时间(LS_i)、最迟完成时间(LF_i)、总时差(TF_i)和自由时差(FF_i)。单代号网络计划时间参数的计算方法和顺序与双代号网络计划的工作时间参数计算相同,同样,单代号网络计划的时间参数计算应在确定工作持续时间之后进行。

1) 时间参数的基本概念

(1) 工作持续时间

工作持续时间是指一项工作从开始到完成的时间。在单代号网络计划中,工作的持续时间用 D_i 表示。

（2）工作的六个时间参数

① 最早开始时间。工作的最早开始时间是指在其所有紧前工作全部完成后，本工作有可能开始的最早时刻。工作 i 的最早开始时间用 ES_i 表示。

② 最早完成时间。工作的最早完成时间是指在其所有紧前工作全部完成后，本工作有可能完成的最早时刻。工作的最早完成时间等于本工作的最早开始时间与其持续时间之和。工作 i 的最早完成时间用 EF_i 表示。

③ 最迟完成时间。工作的最迟完成时间是指在不影响整个任务按期完成的前提下，本工作必须完成的最迟时刻。工作 i 的最迟完成时间用 LF_i 表示。

④ 最迟开始时间。工作的最迟开始时间是指在不影响整个任务按期完成的前提下，本工作必须开始的最迟时刻。工作的最迟开始时间等于本工作的最迟完成时间与其持续时间之差。工作 i 的最迟开始时间用 LS_i 表示。

⑤ 总时差。工作的总时差是指在不影响总工期的前提下，本工作可以利用的机动时间。但是在网络计划的执行过程中，如果利用某项工作的总时差，则有可能使该工作后续工作的总时差减小。工作 i 的总时差用 TF_i 表示。

⑥ 自由时差。工作的自由时差是指在不影响其紧后工作最早开始时间的前提下，本工作可以利用的机动时间。在网络计划的执行过程中，工作的自由时差是该工作可以自由使用的时间。工作 i 的自由时差用 FF_i 表示。

2）时间参数的计算方法

（1）分析计算法。

① 工作最早可能开始时间和最早可能结束时间的计算。

② 工作 i 的最早开始时间 ES_i，应从网络计划的起点节点开始，顺着箭线方向依次逐项计算。

③ 起点节点 i 的最早开始时间 ES_i，如无规定时，其值应等于零，即

$$ES_i = 0 \quad (i=1) \tag{5-45}$$

④ 各项工作最早开始和结束时间的计算公式为

$$ES_j = \max\{ES_i + D_i\} = \max\{EF_i\} \tag{5-46}$$

$$EF_j = ES_j + D_j \tag{5-47}$$

式中：ES_j——工作 j 最早可能开始时间；

EF_j——工作 j 最早可能结束时间；

D_j——工作 j 的持续时间；

ES_i——工作 j 的紧前工作 i 最早可能开始时间；

EF_i——工作 j 的紧前工作 i 最早可能结束时间；

D_i——工作 j 的紧前工作 i 的持续时间。

（2）相邻两项工作之间时间间隔的计算。

相邻两项工作之间存在着时间间隔，i 工作与 j 工作的时间间隔记为 $LAG_{i,j}$。时间间隔指相邻两项工作之间，后项工作的最早开始时间与前项工作的最早完成时间之差，其计算

公式为

$$LAG_{i,j} = ES_j - EF_i \tag{5-48}$$

式中：$LAG_{i,j}$——工作 i 与其紧后工作 j 之间的时间间隔；

   ES_j——工作 i 的紧后工作 j 的最早开始时间；

   EF_i——工作 i 的最早完成时间。

（3）工作总时差的计算。

工作总时差的计算应从网络计划的终点节点开始，逆着箭线方向按节点编号从大到小的顺序依次进行。

网络计划终点节点 n 所代表的工作的总时差（TF_n）应等于计划工期 T_p 与计算工期 T_c 之差，即

$$TF_n = T_p - T_c \tag{5-49}$$

当计划工期等于计算工期时，该工作的总时差为零。

其他工作的总时差应等于本工作与其各紧后工作之间的时间间隔加该紧后工作的总时差所得之和的最小值，即

$$TF_i = \min\{LAG_{i,j} + TF_j\} \tag{5-50}$$

式中：TF_i——工作 i 的总时差；

   $LAG_{i,j}$——工作 i 与其紧后工作 j 之间的时间间隔；

   TF_j——工作 i 的紧后工作 j 的总时差。

（4）自由时差的计算。

工作的 i 自由时差 FF_i 的计算应符合下列规定。

① 终点节点所代表的工作 n 的自由时差 FF_n 应为

$$FF_n = T_p - EF_n \tag{5-51}$$

式中：FF_n——终点节点 n 所代表的工作的自由时差；

   T_p——网络计划的计划工期；

   EF_n——终点节点 n 所代表的工作的最早完成时间（即计算工期）。

② 其他工作的自由时差 FF_i 应为

$$FF_i = \min\{LAG_{i-j}\} \tag{5-52}$$

（5）工作最迟完成时间的计算。

① 工作 i 的最迟完成时间 LF_i 应从网络计划的终点节点开始，逆着箭线方向依次逐项计算。当部分工作分期完成时，有关工作的最迟完成时间应从分期完成的节点开始，逆向逐项计算。

② 终点节点所代表的工作 n 的最迟完成时间 LF_n 应按网络计划的计划工期 T_p 确定，即

$$LF_n = T_p \tag{5-53}$$

③ 其他工作 i 的最迟完成时间 LF_i 应为

$$LF_i = \min\{LS_j\} \tag{5-54}$$

或

$$LF_i = EF_i + TF_i \tag{5-55}$$

式中：LF_i——工作 j 的紧前工作 i 的最迟完成时间；

　　　LS_j——工作 i 的紧后工作 j 的最迟开始时间；

　　　EF_i——工作 i 的最早完成时间；

　　　TF_i——工作 i 的总时差。

（6）工作最迟开始时间的计算。工作 i 的最迟开始时间的计算公式为

$$LS_i = LF_i - D_i \tag{5-56}$$

式中：LS_i——工作 i 的最迟开始时间；

　　　LS_i——工作 i 的最迟完成时间；

　　　D_i——工作 i 的持续时间。

3）关键工作和关键线路的确定。

（1）单代号网络图关键工作的确定同双代号网络图。

（2）利用关键工作确定关键线路。如前所述，总时差最小的工作为关键工作。将这些关键工作相连，并保证相邻两项关键工作之间的时间间隔为零而构成的线路就是关键线路。

（3）利用相邻两项工作之间的时间间隔确定关键线路。从网络计划的终点节点开始，逆着箭线方向依次找出相邻两项工作之间时间间隔为零的线路就是关键线路。

5.2.4　双代号时标网络计划

1. 双代号时标网络计划的含义

前面所介绍的双代号网络计划通过标注在箭线下方的数字来表示工作持续时间，因此，在绘制双代号网络图时，并不强调箭线长短的比例关系，这样的双代号网络图必须通过计算各个时间参数才能反映出各个工作进展的具体时间情况，由于网络计划图中没有时间坐标，所以称其为非时标网络计划。如果将横道图中的时间坐标引入非时标网络计划，就可以很直观地从网络图中看出工作最早开始时间、自由时差及总工期等时间参数，它结合了横道图与网络图的优点，应用起来更加方便、直观。这种以时间坐标为尺度编制的网络计划称为时标网络计划。

双代号时标网络计划（以下简称时标网络计划）是以时间坐标为尺度表示工作时间的网络计划。时标的时间单位应根据需要在编制网络计划之前确定，可为小时、天、周、月或季等。由于时标网络计划具有形象直观、计算量小的优点，在工程实践中应用比较普遍。

2. 双代号时标网络计划的特点及适用范围

双代号时标网络计划的特点如下。

（1）它兼有网络计划与横道计划两者的优点，能够清楚地表明计划的时间进程。

（2）时标网络计划能在图上直接显示各项工作的开始与完成时间、工作自由时差及关键线路。

（3）时标网络计划在绘制中受到时间坐标的限制，因此不易产生循环回路之类的逻辑错误。

（4）利用时标网络计划图可以直接统计资源的需用量，以便进行资源优化和调整。

（5）因为箭线受时标的约束，故绘图不易，修改也较困难，往往要重新绘图。不过在使用计算机以后，这一问题较易解决。

时标网络计划的适用范围如下。

（1）工作项目较少，且工艺过程比较简单的施工计划，能快速绘制与调整。

（2）年、季、月等周期性网络计划。

（3）作业性网络计划。

（4）局部网络计划。

（5）使用实际进度前锋线进行进度控制的网络计划。

时标网络计划的一般规定如下。

（1）时标网络计划应以实箭线表示工作，以虚箭线表示虚工作，以波形线表示工作的自由时差。

（2）时标网络计划中所有符号在时间坐标上的水平投影位置，都必须与其时间参数相对应。

（3）节点中心必须对准相应的时标位置。虚工作必须以垂直方向的虚箭线表示，有自由时差时则加波形线表示。

3. 双代号时标网络计划的绘制

1）时标网络计划的绘制原则

（1）时标网络计划应以实箭线表示工作，以虚箭线表示虚工作，以波形线表示工作的自由时差。无论哪一种箭线，均应在其末端绘出箭头。

（2）当工作中有时差时，按图 5-30 所示的方式表达，波形线紧接在实箭线的末端；当虚工作有时差时，按图 5-31 方式表达，不得在波形线之后画实线。

图 5-30　时标网络计划的箭线画法　　图 5-31　虚工作含有时差时的表示方法

（3）时标网络计划中所有符号在时间坐标上的水平投影位置，都必须与其时间参数相对应。节点中心必须对准相应的时标位置。虚工作必须以垂直方向的虚箭线表示，有自由时差时加波形线表示。

2）时标网络计划的绘制方法

时标网络计划宜按各项工作的最早开始时间编制。为此，在编制时标网络计划时应使每一个节点和每一项工作（包括虚工作）尽量向左靠，直至不出现从右向左的逆向箭线为止。在编制时标网络计划之前，应先按已经确定的时间单位绘制时标网络计划表。时间坐标可以标注在时标网络计划表的顶部或底部。当网络计划的规模比较大，且比较复杂时，可以在时标网络计划表的顶部和底部同时标注时间坐标。必要时，还可以在顶部时间坐标之上或

底部时间坐标之下同时加注日历时间。时标网络计划表如表 5-7 所示。表中部的刻度线宜
为细线。为使图面清晰简洁,此线也可不画或少画。

表 5-7　时标网络计划表

日历																
(时间单位)	1	2	3	4	5	6	7	8	9	10	11	12	13	14	15	16
网络计划																
(时间单位)	1	2	3	4	5	6	7	8	9	10	11	12	13	14	15	16

（1）间接绘制法。间接绘制法是先计算网络计划的时间参数,再根据时间参数在时间坐
标上进行绘制的方法。现以图 5-32 所示网络图为例来说明间接绘制法绘制时标网络计划
步骤。

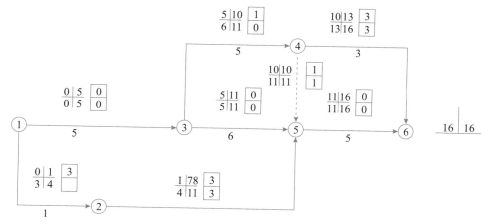

图 5-32　双代号网络计划图

① 按逻辑关系绘制双代号网络计划草图,如图 5-32 所示。
② 计算工作最早时间。
③ 绘制时标表。时标表如图 5-33 所示。

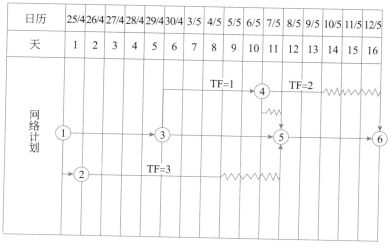

图 5-33　时标表

④ 在时标表上,按最早开始时间确定每项工作的开始节点位置。

⑤ 按各工作的时间长度绘制相应工作的实线部分,使其在时间坐标上的水平投影长度等于工作时间;虚工作因为不占时间,故只能以垂直虚线表示。

⑥ 用波形线把实线部分与其紧后工作的开始节点连接起来,以表示自由时差。完成后的时标网络计划如图 5-33 所示。

（2）直接绘制法。直接绘制法是不计算网络计划的时间参数,直接按草图在时标表上编绘。现以图 5-34 所示网络图为例,说明直接绘制法绘制时标网络计划的步骤。

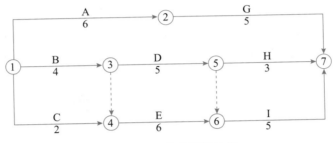

图 5-34　双代号网络计划

① 将网络计划的起点节点定位在时标网络计划表的起始刻度线上。如图 5-35 所示,节点①就是定位在时标网络计划表的起始刻度线"0"位置上。

② 按工作的持续时间绘制以网络计划起点节点为开始节点的工作箭线。如图 5-35 所示,分别绘出工作箭线 A、B 和 C。

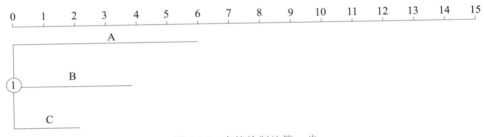

图 5-35　直接绘制法第一步

③ 除网络计划的起点节点外,其他节点必须在所有以该节点为完成节点的工作箭线均绘出后,定位在这些工作箭线中最迟的箭线末端。当某些工作箭线的长度不足以到达该节点时,须用波形线补足,箭头画在与该节点的连接处。在本例中,节点②直接定位在工作箭线 A 的末端;节点③直接定位在工作箭线 B 的末端;节点④的位置需要在绘出虚箭线 3—4 之后,定位在工作箭线 C 和虚箭线 3—4 中最迟的箭线末端,即坐标"4"的位置上。此时,工作箭线 C 的长度不足以到达节点④,因而用波形线补足,如图 5-36 所示。

④ 当某个节点的位置确定之后,即可绘制以该节点为开始节点的工作箭线。在本例中,在图 5-36 的基础上,可以分别以节点②、节点③和节点④为开始节点绘制工作箭线 G、工作箭线 D 和工作箭线 E,如图 5-37 所示。

⑤ 利用上述方法从左至右依次确定其他各个节点的位置,直至绘出网络计划的终点节点。在本例中,在图 5-38 基础上,可以分别确定节点⑤和节点⑥的位置,并在它们之后分别

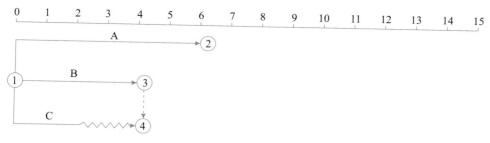

图 5-36 直接绘制法第二步

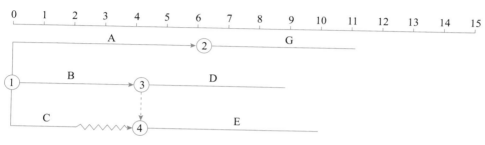

图 5-37 直接绘制法第三步

绘制工作箭线 H 和工作箭线 I,如图 5-38 所示。

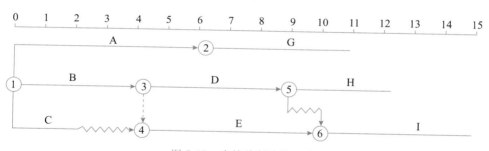

图 5-38 直接绘制法第四步

⑥ 根据工作箭线 G、工作箭线 H 和工作箭线 I 确定出终点节点的位置。本例所对应的时标网络计划如图 5-39 所示,图中双箭线表示的线路为关键线路。

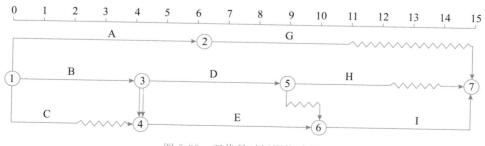

图 5-39 双代号时标网络计划

(3)关键线路的确定。时标网络计划关键线路可自终点节点逆箭线方向朝起点节点逐次进行判定；自始至终都不出现波形线的线路即为关键线路。其原因是如果某条线路自始至终都没有波形线，这条线路就不存在自由时差，也就不存在总时差，自然就没有机动余地，所以就是关键线路。或者说，这条线路上的各工作的最迟开始时间与最早开始时间是相等的，这样的线路特征只有关键线路才具备。

4. 双代号时标网络图时间参数的计算

1）关键线路

时标网络计划中的关键线路可从网络计划的终点节点开始，逆着箭线方向进行判定。凡自始至终不出现波形线的线路即为关键线路。因为不出现波形线，就说明在这条线路上相邻两项工作之间的时间间隔全部为零，也就是在计算工期等于计划工期的前提下，这些工作的总时差和自由时差全部为零。

2）计算工期

网络计划的计算工期应等于终点节点所对应的时标值与起点节点所对应的时标值之差。

3）相邻两项工作之间时间间隔

除以终点节点为完成节点的工作外，工作箭线中波形线的水平投影长度表示工作与其紧后工作之间的时间间隔。

4）工作的时间参数

（1）工作最早开始时间和最早完成时间。工作箭线左端节点中心所对应的时标值为该工作的最早开始时间。当工作箭线中不存在波形线时，其右端节点中心所对应的时标值为该工作的最早完成时间；当工作箭线中存在波形线时，工作箭线实线部分右端点所对应的时标值为该工作的最早完成时间。

（2）工作总时差。工作总时差的判定应从网络计划的终点节点开始，逆着箭线方向依次进行。

以终点节点为完成节点的工作，其总时差应等于计划工期与本工作最早完成时间之差，即

$$\mathrm{TF}_{i-n}=T_p-\mathrm{EF}_{i-n} \tag{5-57}$$

式中：TF_{i-n}——以网络计划终点节点 n 为完成节点的工作的总时差；

　　　T_p——网络计划的计划工期；

　　　EF_{i-n}——以网络计划终点节点 n 为完成节点的工作的最早完成时间。

其他工作的总时差等于其紧后工作的总时差加本工作与该紧后工作之间的时间间隔所得之和的最小值，即

$$\mathrm{TF}_{i-j}=\min\{\mathrm{TF}_{j-k}+\mathrm{LAG}_{i-j,j-k}\} \tag{5-58}$$

式中：TF_{i-j}——工作 $i-j$ 的总时差；

　　　TF_{j-k}——工作 $i-j$ 的紧后工作 $j-k$（非虚工作）的总时差；

　　　$\mathrm{LAG}_{i-j,j-k}$——工作 $i-j$ 与其紧后工作 $j-k$（非虚工作）之间的时间间隔。

（3）工作自由时差。

① 以终点节点为完成节点的工作，其自由时差应等于计划工期与本工作最早完成时间

之差，即

$$FF_{i-n} = T_p - EF_{i-n} \tag{5-59}$$

式中：FF_{i-n}——以网络计划终点节点 n 为完成节点的工作的总时差；

　　　T_p——网络计划的计划工期；

　　　EF_{i-n}——以网络计划终点节点 n 为完成节点的工作的最早完成时间。

② 其他工作的自由时差就是该工作箭线中波形线的水平投影长度。但当工作之后只紧接虚工作时，则该工作箭线上一定不存在波形线，而其紧接的虚箭线中波形线水平投影长度的最短者为该工作的自由时差。

（4）工作最迟开始时间和最迟完成时间。

① 工作的最迟开始时间等于本工作的最早开始时间与其总时差之和，即

$$LS_{i-j} = ES_{i-j} + TF_{i-j} \tag{5-60}$$

式中：LS_{i-j}——工作 $i-j$ 的最迟开始时间；

　　　ES_{i-j}——工作 $i-j$ 的最早开始时间；

　　　TF_{i-j}——工作 $i-j$ 的总时差。

② 工作的最迟完成时间等于本工作的最早完成时间与其总时差之和，即

$$LF_{i-j} = EF_{i-j} + TF_{i-j} \tag{5-61}$$

式中：LF_{i-j}——工作 $i-j$ 的最迟完成时间；

　　　EF_{i-j}——工作 $i-j$ 的最早完成时间；

　　　TF_{i-j}——工作 $i-j$ 的总时差。

5）时标网络计划的坐标体系

时标网络计划的坐标体系有计算坐标体系、工作日坐标体系和日历坐标体系三种。

（1）计算坐标体系。计算坐标体系主要用作网络计划时间参数的计算。该坐标体系便于时间参数的计算，但不够明确。如按照计算坐标体系，网络计划所表示的计划任务从第 0 天开始，就不容易理解。实际上应为第 1 天开始或明确表示出开始日期。

（2）工作日坐标体系。工作日坐标体系可明确表示出各项工作在整个工程开工后第几天（上班时刻）开始和第几天（下班时刻）完成。但不能表示出整个工程的开工日期和完工日期以及各项工作的开始日期和完成日期。

在工作日坐标体系中，整个工程的开工日期和各项工作的开始日期分别等于计算坐标体系中整个工程的开工日期和各项工作的开始日期加 1；而整个工程的完工日期和各项工作的完成日期就等于计算坐标体系中整个工程的完工日期和各项工作的完成日期。

（3）日历坐标体系。日历坐标体系可以明确表示出整个工程的开工日期和完工日期以及各项工作的开始日期和完成日期，同时还可以考虑扣除节假日休息时间。

图 5-40 所示的时标网络计划同时标出了三种坐标体系。其中上面为计算坐标体系，中间为工作日坐标体系，下面为日历坐标体系。这里假定 4 月 24 日（星期三）开工，星期六、星期日和"五一"国际劳动节休息。

【例 5-2】　根据图 5-41 所示，求时标网络计划中各项时间参数。

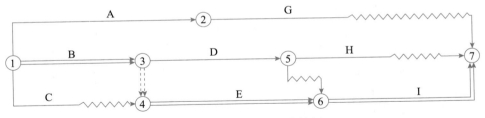

图 5-40　双代号时标网络计划

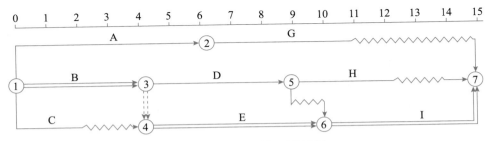

图 5-41　双代号时标网络计划

解:

(1) 关键线路。在时标网络计划中,关键线路为①—③—④—⑥—⑦。

(2) 工期。$T_c=15-0=15$(天)

(3) 相邻两项工作之间时间间隔。在时标网络计划中,工作 C 和工作 E 之间的时间间隔为 2;工作 D 和工作 I 之间的时间间隔为 1;其他工作之间的时间间隔均为零。

(4) 工作最早开始时间和最早完成时间。在时标网络计划中,工作 A 和工作 H 的最早开始时间分别为 0 和 9,而它们的最早完成时间分别为 6 和 12。

(5) 工作总时差。

在时标网络计划中,假设计划工期为 15,则工作 G、工作 H 和工作 J 的总时差分别为

$$TF_{2-7}=T_p-EF_{2-7}=15-11=4$$
$$TF_{5-7}=T_p-EF_{5-7}=15-12=3$$
$$TF_{6-7}=T_p-EF_{6-7}=15-15=0$$

在时标网络计划中,工作 A、工作 C 和工作 D 的总时差分别为

$$TF_{1-2}=TF_{2-7}+LAG_{1-2,2-7}=4+0=4$$
$$TF_{1-4}=TF_{4-6}+LAG_{1-4,4-6}=0+2=2$$
$$TF_{3-5}=\min\{TF_{5-7}+LAG_{3-5,5-7},TF_{6-7}+LAG_{3-5,6-7}\}$$
$$=\min\{3+0,0+1\}$$
$$=1$$

（6）工作自由时差。

① 在时标网络计划中，工作 G、工作 H 和工作 J 的自由时差分别为

$$FF_{2-7} = T_p - EF_{2-7} = 15 - 11 = 4$$
$$FF_{5-7} = T_p - EF_{5-7} = 15 - 12 = 3$$
$$FF_{6-7} = T_p - EF_{6-7} = 15 - 15 = 0$$

② 在时标网络计划中，工作 A、工作 B、工作 D 和工作 E 的自由时差均为零，而工作 C 的自由时差为 2。

（7）工作最迟开始时间和最迟完成时间。

① 在时标网络计划中，工作 A、工作 C、工作 D、工作 G 和工作 H 的最迟开始时间分别为

$$LS_{1-2} = ES_{1-2} + TF_{1-2} = 0 + 4 = 4$$
$$LS_{1-4} = ES_{1-4} + TF_{1-4} = 0 + 2 = 2$$
$$LS_{3-5} = ES_{3-5} + TF_{3-5} = 4 + 1 = 5$$
$$LS_{2-7} = ES_{2-7} + TF_{2-7} = 6 + 4 = 10$$
$$LS_{5-7} = ES_{5-7} + TF_{5-7} = 9 + 3 = 12$$

② 在时标网络计划中，工作 A、工作 C、工作 D、工作 G 和工作 H 的最迟完成时间分别为

$$LF_{1-2} = EF_{1-2} + TF_{1-2} = 6 + 4 = 10$$
$$LF_{1-4} = EF_{1-4} + TF_{1-4} = 2 + 2 = 4$$
$$LF_{3-5} = EF_{3-5} + TF_{3-5} = 9 + 1 = 10$$
$$LF_{2-7} = EF_{2-7} + TF_{2-7} = 11 + 4 = 15$$
$$LF_{5-7} = EF_{5-7} + TF_{5-7} = 12 + 3 = 15$$

5.2.5 单代号搭接网络计划

在建筑工程工作实践中，搭接关系是大量存在的，控制进度的计划图形应该能够表达和处理好这种关系。然而传统的单代号和双代号网络计划却只能表示两项工作首尾相接的关系，即前一项工作结束，后一项工作立即开始，而不能表示搭接关系。遇到搭接情况时，不得不将前一项工作进行分段处理，以符合前面工作不完成后面工作不能开始的要求，这就使得网络计划变得复杂起来，绘制、调整都不方便。针对这一问题，各国陆续出现了许多表示搭接关系的网络计划，我们统称这些处理方法为"搭接网络计划法"，它们的共同特点是把前后连续施工的工作互相搭接起来进行，即前一工作提供了一定工作面后，后一工作即可及时插入施工（不必等待前面工作全部完成之后再开始），同时用不同的时距来表达不同的搭接关系。搭接网络计划有双代号和单代号两种表达方式，由于单代号搭接网络计划比较简明，使用也比较方便，故下面仅介绍单代号搭接网络计划。

1. 搭接关系表示方法

在单代号搭接网络计划（以下简称搭接网络计划）中，各项工作之间的逻辑关系是靠相邻工作的开始或结束之间的一个规定时间来相互约束的，这些规定的约束时间称为时距。

所谓时距是按照工艺条件、工作性质等特点规定的相邻工作间的约束条件。单代号搭接网络计划中的时距共有五种,如图 5-42 所示。

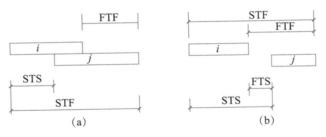

图 5-42　搭接关系

1) 开始到开始时距

相邻工作 i 与 j,如果紧前工作 i 开始后,经过一段时间,紧后工作 j 才能开始。表达从 i 开始到 j 开始的搭接时距称为开始到开始时距,以符号 $STS_{i,j}$ 表示(见图 5-43)。

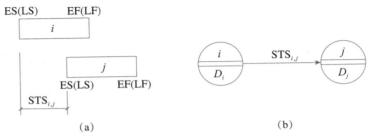

图 5-43　STS 时距示意图

2) 开始到结束时距

相邻工作 i 与 j,如果紧前工作 i 开始以后,经过一段时间,紧后工作 j 必须结束。表达从 i 开始到 j 结束的搭接时距称为开始到结束时距,以符号 $STF_{i,j}$ 表示(见图 5-44)。

3) 结束到结束时距

相继施工的两工作 i 与 j,如果紧前工作 i 结束后,经过一段时间,紧后工作 j 也必须结束。表达从 i 结束到 j 结束的搭接时距称为结束到结束时距,以符号 $FTF_{i,j}$ 表示(见图 5-45)。

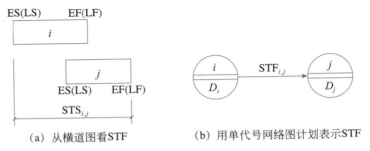

(a) 从横道图看STF　　　　　(b) 用单代号网络图计划表示STF

图 5-44　STF 时距示意图

4) 结束到开始时距

相邻工作 i 与 j 如果紧前工作 i 结束后,经过一段时间,紧后工作 j 才能开始。表达从

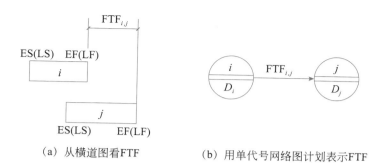

（a）从横道图看FTF　　　　（b）用单代号网络图计划表示FTF

图 5-45　FTF 时距示意图

i 结束到 j 开始的搭接时距称为结束到开始时距,以符号 $FTS_{i,j}$ 表示(见图 5-46)。

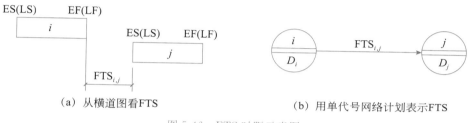

（a）从横道图看FTS　　　　　（b）用单代号网络计划表示FTS

图 5-46　FTS 时距示意图

5）混合搭接时距

以上四种搭接时距是最基本的搭接关系,有时只用其中一种搭接时距不能完全表明相邻工作与的搭接关系,这时就需要同时用两种基本时距组合(称为混合搭接时距)才能表明搭接关系(见图 5-47)。根据组合原理,四种基本时距两两组合可出现六种混合搭接时距,即 $STS_{i,j}$ 和 $FTF_{i,j}$、$STS_{i,j}$ 和 $FTS_{i,j}$、$STS_{i,j}$ 和 $STF_{i,j}$、$STF_{i,j}$ 和 $FTF_{i,j}$、$FTF_{i,j}$ 和 $FTS_{i,j}$,其中 $STS_{i,j}$ 和 $FTF_{i,j}$ 应用较多。

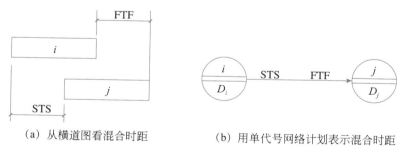

（a）从横道图看混合时距　　　　（b）用单代号网络计划表示混合时距

图 5-47　混合时距示意图

2. 单代号搭接网络图绘制

搭接网络图的绘制与单代号网络图的绘制方法基本相同,也要经过任务分解、逻辑关系的确定和工作持续时间的确定等程序;然后绘制工作逻辑关系表,确定相邻工作的搭接类型与搭接时距;再根据工作逻辑关系表,绘制单代号网络图;最后再将搭接类型与时距标注在箭线上即可。其标注方法如图 5-48 所示。

搭接网络图的绘制应符合下列要求。

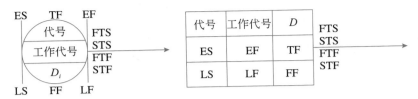

图 5-48　常用的搭接网络节点表示方法

（1）根据工作顺序依次建立搭接关系，正确表达搭接时距。

（2）只允许有一个起点节点和一个终点节点。因此，有时要设置一个虚拟的起点节点和一个虚拟的终点节点，并在虚拟的起点节点和终点节点中分别标注"开始"和"完成"字样或分别标注英文字样"ST"和"FIN"。

（3）一个节点表示一道工作，节点编号不能重复。

（4）箭线表示工作之间的顺序及搭接关系。

（5）不允许出现逻辑循环。

（6）在搭接网络图中，每道工作的开始都必须直接或间接地与起点节点建立联系，并受其制约。

（7）每道工作的结束都必须直接或间接地与终点节点建立联系，并受其控制。

（8）在保证各工作之间的搭接关系和时距的前提下，尽可能做到图面布局合理、层次清晰和重点突出。关键工作和关键线路均要用粗箭线或双箭线画出，以区别于非关键线路。

（9）密切相关的工作，要尽可能相邻布置，以避免交叉箭线。如果无法避免，应采用过桥法表示。

3. 单代号搭接网络计划时间参数的计算

单代号搭接网络计划时间参数计算的内容与单代号网络计划时间参数计算的内容是相同的，都需要计算工作时间参数和工作时差。但由于搭接网络具有几种不同形式的搭接关系，所以其计算过程相对比较复杂，需要特别仔细和小心，否则很容易出错。

1）工作最早时间的计算

（1）计算最早时间参数必须从起点节点开始依次进行。只有紧前工作计算完毕，才能计算本工作。

（2）计算最早时间应按下列步骤进行。

① 凡与起点节点相连的工作最早开始时间都应为零，即

$$ES_i = 0 \tag{5-62}$$

② 其他工作 j 的最早开始时间根据时距应按下列规定计算。

相邻时距为 $STS_{i,j}$ 时，

$$ES_j = ES_i + STS_{i,j} \tag{5-63}$$

相邻时距为 $FTF_{i,j}$ 时，

$$ES_j = ES_i + D_i + FTF_{i,j} - D_j \tag{5-64}$$

相邻时距为$STF_{i,j}$时,

$$ES_j = ES_i + STF_{i,j} - D_j \tag{5-65}$$

相邻时距为$FTS_{i,j}$时,

$$ES_j = ES_i + D_i + FTS_{i,j} \tag{5-66}$$

式中:ES_i——工作i紧后工作j的最早开始时间;

D_i、D_j——相邻的i、j两项工作的持续时间;

$STS_{i,j}$——i、j两项工作开始到开始的时距;

$FTF_{i,j}$——i、j两项工作完成到完成的时距;

$STF_{i,j}$——i、j两项工作开始到完成的时距;

$FTS_{i,j}$——i、j两项工作完成到开始的时距。

(3)计算工作最早时间,当出现最早开始时间为负值时,应将该工作与起点节点用虚箭线相连接,并确定其时距为

$$STS = 0 \tag{5-67}$$

(4)当某节点(工作)有多个紧前节点(工作)或与紧前节点(工作)混合搭接时,应分别计算并得到多组最早开始时间,取其中最大值作为该节点(工作)的最早开始时间。

(5)工作j的最早完成时间EF_j应按下式计算:

$$EF_j = ES_j + D_j \tag{5-68}$$

有最早完成时间的最大值的中间工作与终点节点应用虚箭线相连接,并确定其时距为

$$FTF = 0 \tag{5-69}$$

2)工期的计算

(1)搭接网络计划的计算工期T_c由与终点节点相联系的工作的最早完成时间的最大值决定。

(2)搭接网络计划的计划工期T_p的确定与单代号、双代号的规定相同。

3)时差的计算

(1)总时差(TF_{i-j})。总时差的计算与一般网络计划无区别,可用最迟开始时间减最早开始时间或用最迟完成时间减最早完成时间求得。

(2)自由时差(FF_i)。自由时差的计算比较复杂,需分别按不同的时距关系计算后取最小值,所以要分别根据其与紧后工作的不同时距关系逐个进行计算。

当与唯一的紧后工作关系为STS时,按式(4-42)计算,此时若出现$ES_j > ES_i + STS_{i,j}$则自由时差可按下式计算:

$$FF_i = ES_j - (ES_i + STS_{i,j}) = ES_j - ES_i - STS_{i,j} \tag{5-70}$$

如图5-49所示,当紧后工作只有唯一的一项工作且它们之间的关系为KTF时,则依公式可以推出:

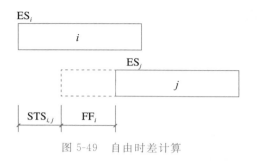

图 5-49　自由时差计算

$$FF_i = EF_j - EF_i - FTF_{i,j} \qquad (5-71)$$

当紧后工作只有唯一的一项工作且它们之间的关系为 STF 时,则可以推出:

$$FF_i = EF_j - ES_i - STF_{i,j} \qquad (5-72)$$

当紧后工作只有唯一的一项工作且它们之间的关系为 FTS 时,则可以推出:

$$FF_i = ES_j - EF_i - FTS_{i,j} \qquad (5-73)$$

当工作有多项紧后工作时,工作的自由时差将受各工作计算值中的最小值的控制,而且由其决定,故可得到自由时差的一般公式为

$$FF_i = \min \begin{cases} ES_j - ES_i - STS_{i,j} \\ EF_j - EF_i - FTF_{i,j} \\ EF_j - ES_j - STF_{i,j} \\ ES_j - EF_i - FTS_{i,j} \end{cases}$$

4) 工作最迟时间的计算

(1) 在 STS 时距下,紧前工作最迟时间为

$$LS_i = LS_j - STS_{i,j} \qquad (5-74)$$
$$LF_i = LS_i + D_i \qquad (5-75)$$

式中:LS_i——工作 j 的紧前工作 i 的最迟开始时间;

LS_j——工作 j 的最迟开始时间;

LF_i——工作 i 的最迟完成时间;

D_i——工作 j 的持续时间。

(2) 在 FTF 时距下,紧前工作最迟时间为

$$LS_i = LS_j - STS_{i,j} \qquad (5-76)$$
$$LF_i = LS_i + D_i \qquad (5-77)$$

式中:LF_i——工作 j 的最迟完成时间。

(3) 在 STF 时距下,紧前工作最迟时间为

$$LS_i = LF_j - STF_{i,j} \tag{5-78}$$

$$LF_j = LS_i + D_i \tag{5-79}$$

（4）在 FTS 时距下，紧前工作最迟时间为

$$LF_i = LS_j - FTS_{i,j} \tag{5-80}$$

$$LS_j = LF_i - D_i \tag{5-81}$$

（5）当某节点（工作）有多个紧后节点（工作）或与紧后节点（工作）混合搭接时，应分别计算并得到多组最迟完成时间，取其中最小值作为该节点的最迟完成时间。

（6）当某节点（工作）的最迟完成时间大于计划工期时，则取该节点的最迟完成时间为计划工期，并重新设置一虚拟的终点节点（其最迟、最早完成时间均为计划工期），标明"完成"或"FIN"字样，该节点与虚拟终点节点之间用虚箭线连接，原来的终点节点与虚拟终点节点之间为衔接关系（FTS＝0）。

4. 关键工作和关键线路的确定

（1）搭接网络计划中工作总时差最小的工作，其具有的机动时间最小，如果延长其持续时间就会影响计划工期，因此为关键工作。

（2）在搭接网络计划中，从起点节点 ST 开始总时差为最小的工作，沿时间间隔为零（LAG＝0）的线路贯通至终点节点 FIN，则该条线路即为关键线路。

学习笔记

任务练习

一、填空题

1.（   ）是指用网络图表达任务构成、工作顺序并加注工作时间参数的进度计划，因此，提出一项具体工程任务的网络计划安排方案，就必须首先要求绘制网络图。

2. 网络图中一端带箭头的实线即为箭线，一般可分为（   ）和（   ）两种。

3. 在网络图中箭线的出发和交汇处通常画上圆圈，用以标志该圆圈前面一项或若干项工作的结束和允许后面一项或若干项工作的开始的时间点称为（   ）。

4. 网络图中从起点节点开始，沿箭头方向顺序通过一系列箭线与节点，最后到达终点节点的通路称为（   ）。

5. 网络计划的计算工期应等于（   ）与（   ）之差。

二、单项选择题

1. 网络计划的优点，正确的是（   ）。

    A. 网络图把施工过程中的各有关工作组成了一个有机的整体，能全面而明确地表达出各项工作开展的先后顺序，反映出各项工作之间相互制约和相互依赖的关系

    B. 表达计划不直观、不形象，从图中很难看出流水作业的情况

    C. 很难依据普通网络计划（非时标网络计划）计算资源的日用量，但时标网络计划可以克服这一缺点

    D. 编制较难，绘制较麻烦

2.（   ）是指按照各项时间参数计算公式的程序，直接在网络图上计算时间参数的方法。

    A. 分析计算法   B. 表上计算法   C. 图上计算法   D. 搭接计算法

3. 关于单代号网络图绘制的基本原则，不正确的是（   ）。

    A. 单代号网络图中，可以出现循环回路

    B. 单代号网络图中，严禁出现双向箭头或无箭头的连线

    C. 单代号网络图中，严禁出现没有箭尾节点的箭线和没有箭头节点的箭线

    D. 绘制网络图时，箭线不宜交叉。当交叉不可避免时，可采用过桥法和指向法绘制

4. 关于时标网络计划的适用范围，叙述正确的是（   ）。

    A. 工作项目较多，且工艺过程比较简单的施工计划，能快速绘制与调整

    B. 年、季、月等周期性网络计划

    C. 工作性网络计划

    D. 全局网络计划

5.（   ）是以满足工期要求的施工费用最低为目标的施工计划方案的调整过程。

    A. 工期优化   B. 费用优化

    C. 资源优化   D. 单代号网络优化

项目 6 编制施工机械、设备材料、劳动力计划

知识目标

1. 了解施工机械的选择。
2. 了解主要的设备材料。
3. 了解劳动力计划。

能力目标

1. 能根据具体情况,编制前期准备工作计划。
2. 能根据具体情况,编制劳动力计划。

课程思政

1. 培养系统地分析问题的习惯,树立全局意识。
2. 树立敬畏生命的理念,培养遵章守纪的职业操守、责任意识及严谨认真的工匠精神。

任务 6.1 施工机械

6.1.1 施工机械的选择

在进行施工方法的选择时,必然要涉及施工机械的选择。施工机械选择得是否合理直接影响到施工进度、施工质量、工程成本及安全施工。

选择施工机械考虑的主要因素如下。

(1)应根据工程特点,选择适宜主导工程的施工机械。所选设备机械应在技术上可行,在经济上合理。

(2)在同一个建筑工地上所选择机械的类型、规格、型号应统一,以便于管理及维护。

(3)尽可能使所选机械一机多用,提高机械设备的生产效率。

(4)选择机械时,应考虑到施工企业工人的技术操作水平,尽量选用已有机械。

(5)各种辅助机械或运输工具应与主导机械的生产能力协调配套,以充分发挥主导机械的效率。如土方工程施工中常用汽车运土,汽车的载重应为挖土机斗容量的整数倍,汽车的数量应保证挖土机连续工作。

目前建筑工地常用的机械有土方机械、打桩机械、起重机械、混凝土的制作及运输机械等。

6.1.2 施工机械、主要机具需求量计划

施工机械、主要机具需求量计划主要根据单位工程分部分项施工方案及施工进度计划要求,提出各种施工机械、主要机具的名称、规格、型号、数量及使用时间。编制方法是将施工进度计划表中每个施工过程、每天所需的机械类型、数量和施工工期进行汇总,以得出施工机械、主要机具需求量计划。施工机械、主要机具需求量计划如表 6-1 所示。

表 6-1　施工机械、主要机具需求量计划

序号	机械名称	类型型号	需求量		货源	使用起止时间	备注
			单位	数量			

任务 6.2　设 备 材 料

6.2.1 主要设备材料需求量计划

主要设备材料需求量计划主要根据工程量及预算定额统计、计算并汇总施工现场需要的各种主要设备材料需求量。主要材料需求量计划是组织供应材料、拟定现场堆放场地及仓库面积需求量和运输计划的依据。编制时,应提出各种材料的名称、规格、数量、使用时间等要求。主要材料需求量计划如表 6-2 所示。

表 6-2　设备材料需求量计划

序号	设备材料名称	需求量		供应时间	备注
		单位	数量		

任务 6.3　劳 动 力 计 划

6.3.1 编制劳动力计划

劳动力需用量计划是根据施工预算、劳动定额和施工进度计划编制而成的,是规划临时

建筑和组织劳动力进场的依据。编制时根据各单位工程分工种工程量，查预算定额或有关资料即可求出各单位工程重要工种的劳动力需用量。将各单位工程所需的主要劳动力汇总，即可得出整个建筑工程项目劳动力需用量计划。其计划内容见表 6-3。

表 6-3　劳动力需求量计划

序号	工种名称	总需用量/工日	需要工人人数及时间											
			×月			×月			×月			×月		
			上旬	中旬	下旬	上旬	中旬	下旬	上旬	中旬	下旬	上旬	中旬	下旬

学习笔记

任务练习

填空题

1. 资源配置计划的编制需依据（　　）和（　　），重点确定劳动力、材料、构配件、加工品及施工机具等主要物资的需要量和时间，以便组织供应，保证施工总进度计划的实现，同时也为场地布置及临时设置的规划准备提供依据。

2.（　　）是确定暂设工程规模和组织劳动力进场的依据。

3.（　　）可根据施工部署施工方案、施工总进度计划，主要工程工程量和机械台班产量定额而确定。

项目 7　编制单位工程各项施工措施

任务 7.1　单位工程各项施工措施认知

在工程实践中，因为不重视施工技术措施、施工质量措施、施工安全措施和文明施工措施等，导致工程质量和工程安全问题频出，教训深刻。如某工程，由于施工工地载人升降机存在违规操作、超载、超期使用和日常维保不到位，致使一载满粉刷工人的电梯，在上升过程中突然失控，直冲到 34 层顶层后，电梯钢绳突然断裂，厢体呈自由落体直接坠到地面，造成梯笼内人员全部死亡。所以，作为未来的施工管理者必须严格执行规范、标准及操作规程，杜绝视工程质量、人身安全为儿戏。牢固树立质量意识、安全意识，文明施工，才能确保工程圆满完成。

采取施工措施的目的是提高效率、降低成本、减少支出、保证工程质量和施工安全。因此任何一项工程的施工，都必须严格执行现行的建筑安装工程施工及验收规范、建筑安装工程质量检验及评定标准、建筑安装工程技术操作规程、建筑工程建设标准强制性条文等有关法律法规，并根据工程特点、施工中的难点和施工现场的实际情况，制订相关的施工方案及措施。

图纸和施工说明，了解建设单位、施工单位的情况，了解施工现场情况等，熟悉规范、规程、标准、强制性条文等。具体编写内容如下。

（1）制定主要的技术措施。

（2）制定保证质量、安全、成本措施。

（3）准确制定冬、雨季施工措施。

（4）制定现场文明施工措施。

7.1.1 主要的技术措施

技术组织措施是为完成工程的施工而采取的具有较大技术投入的措施，通过采取技术方面和组织方面的具体措施，达到保证工程施工质量、按期完成工程施工进度、有效控制工程施工成本的目的。

技术组织措施计划一般含以下三个方面的内容。

（1）措施的项目和内容。

（2）各项措施所涉及的工作范围。

（3）各项措施预期取得的经济效益。

例如，怎样提高施工的机械化程度，改善机械的利用率，采用新机械、新工具、新工艺、新材料和同效价廉代用材料，采用先进的施工组织方法，改善劳动组织以提高劳动生产率，减少材料运输损耗和运输距离等。

技术组织措施的最终成果反映在工程成本的降低和施工费用支出的减少上。有时在采用某种措施后，一些项目的费用可以节约，但另一些项目的费用将增加，这时，计算经济效益必须将增加和减少的费用都进行计算。

单位工程施工组织设计中的技术组织措施，应根据施工企业组织措施计划，结合工程的具体条件，参考表 7-1 拟订。

表 7-1　技术组织措施计划内容

措施项目和内容	措施涉及的工作量		经 济 效 益						执行单位及负责人
	单位	数量	劳动量节约额/工日	降低成本额/元					
				材料费	工资	机械台班费	间接费	节约总额	

认真编制单位工程降低成本计划对于保证最大限度地节约各项费用，充分发挥潜力以及对工程成本做系统的监督检查有重要作用。

在制订降低成本计划时，要对具体工程对象的特点和施工条件，如施工机械、劳动力运输、临时设施和资金等进行充分的分析。通常从以下几个方面着手。

（1）科学地组织生产，正确地选择施工方案。

（2）采用先进技术，改进作业方法，提高劳动生产率，节约单位工程施工劳动量以减少工资支出。

（3）节约材料消耗，选择经济合理的运输工具。有计划地综合利用材料、修旧利废、合理代用、推广优质廉价材料，如用钢模代替木模、采用新品种水泥等。

（4）提高机械利用率，充分发挥其效能，节约单位工程台班费支出。

7.1.2 保证工程质量的措施

保证和提高工程质量措施，既可以按照各主要分部分项工程施工质量要求提出，也可以按照工程施工质量要求提出。保证和提高工程质量措施，可以从以下几个方面考虑。

（1）定位放线、轴线尺寸、标高测量等准确无误的措施。

（2）地基承载力、基础、地下结构及防水施工质量的措施。

（3）主体结构等关键部位施工质量的措施。

（4）屋面、装修工程施工质量的措施。

（5）采用新材料、新结构、新工艺、新技术的工程施工质量的措施。

（6）提高工程质量的组织措施，如现场管理机构的设置、人员培训、建立质量检验制度等。

7.1.3 保证工程施工安全的措施

加强劳动保护保障安全生产，既是国家保障劳动人民生命安全的一项重要政策，也是进行工程施工的一项基本原则。为此，应提出有针对性的施工安全保障措施，主要明确安全管理方法和主要安全措施，从而杜绝施工中安全事故的发生。施工安全措施可以从以下几个方面考虑。

（1）保证土方边坡稳定措施。

（2）脚手架、吊篮、安全网的设置及各类洞口防止人员坠落措施。

（3）外用电梯、井架及塔吊等垂直运输机具的拉结要求和防倒塌措施。

（4）安全用电和机电设备防短路、防触电措施。

（5）易燃、易爆、有毒作业场所的防火、防暴、防毒措施。

（6）季节性安全措施。如雨期的防洪、防雨，夏期的防暑降温，冬期的防滑、防火、防冻措施等。

（7）现场周围通行道路及居民安全保护隔离措施。

（8）确保施工安全的宣传、教育及检查等组织措施。

7.1.4 降低工程成本的措施

应根据工程具体情况，按分部分项工程提出相应的节约措施，计算有关技术经济指标，分别列出节约工料数量与金额数字，以便衡量降低工程成本的效果。其内容一般包括以下几点。

（1）合理进行土方平衡调配，以节约台班费。

（2）综合利用吊装机械，减少吊次，以节约台班费。

（3）提高模板安装精度，采用整装整拆，加速模板周转，以节约木材或钢材。

（4）混凝土、砂浆中掺加外加剂或掺混合料，以节约水泥。

（5）采用先进的钢材焊接技术以节约钢材。

（6）构件及半成品采用预制拼装、整体安装的方法，以节约人工费、机械费等。

7.1.5　现场文明施工的措施

（1）施工现场设置围栏与标牌，出入口交通安全，道路畅通，场地平整，安全与消防设施齐全。

（2）临时设施的规划与搭设应符合生产、生活和环境卫生要求。

（3）各种建筑材料、半成品、构件的堆放与管理有序。

（4）散碎材料、施工垃圾的运输及防止各种环境污染。

（5）及时进行成品保护及施工机具保养。

7.1.6　施工方案的技术经济分析

选择施工方案的目的是寻求适合本工程的最佳方案。选择最佳方案，先要建立评价指标体系，并确定标准，然后进行分析、比较。评判施工方案优劣的标准是其技术性和经济性，但最终标准是其经济效益。技术人员拟定施工方案往往比较注重技术的先进性和经济性，而较少考虑成本，或仅考虑近期投入的节省而欠考虑远期的或整个工程的施工费用。对施工方案进行技术经济分析，就是为了避免施工方案的盲目性、片面性，在方案付诸实施之前就能分析出其经济效益，保证所选方案的科学性、有效性和经济性，达到提高工程质量、缩短工期、降低成本的目的，进而提高工程施工的经济效益。

施工方案技术经济分析方法可分为定性分析和定量分析两大类。

定性分析是通过对方案优缺点的分析，如施工操作上的难易和安全与否；可否为后继工程提供有利条件；冬季或雨季对施工影响的大小；是否可利用某些现有的机械和设备；能否一机多用；能否给现场文明施工创造条件等。定性分析法受评价人的主观影响大，加之评价较为笼统，故只适用于方案的初步评价。

定量分析是对各方案的投入与产出进行计算，如劳动力、材料及机械台班消耗、工期、成本等直接进行计算、比较，用数据说明问题，比较客观，让人信服，所以定量分析法是方案评价的主要方法。

先初步分析，在此基础上确定评价指标，计算各指标值，最后进行综合比较确定方案的优劣。

分析比较施工方案，最终是方案的各种指标的比较，因此建立施工方案的技术经济指标体系对于进行施工方案的技术经济分析非常重要。

1. 施工技术方案的评价指标

施工技术方案是指分部分项工程的技术方案，如主体结构工程、基础工程、垂直运输、水平运输、构件安装、大体积混凝土浇筑、混凝土输送及模板支撑的方案等。这些施工方案的内容包括施工技术方法和相应的施工机械设备的选择等，其评价指标可分为以下几种。

（1）技术性指标用各种技术性参数表示。

例如，主体结构工程施工方法的技术性指标可用现浇混凝土工程总量来表示。如果是装配式结构则用安装构件总量、构件最大尺寸、构件最大自重、最大安装高度等表示。

模板方案的技术性指标用模板总面积、模板型号数、各型号模板的尺寸、模板单件重量等表示。

（2）经济性指标主要反映为完成工程任务必要的劳动消耗，由一系列价值指标、实物指标及劳动量组成。

① 工程施工成本。大多数情况下，主要用施工直接成本来评价，其主要包括：直接人工费、机械设备使用费、施工设备（轨道、支撑架、模板等）的成本或摊销费、防治施工公害措施及其费用等。工程施工成本可用施工总成本或单位施工成本表示。

② 主要专用机械设备需要量，包括配备台数、使用时间、总台班数等。

③ 施工中主要资源需要量。这里指与施工方案有关的资源。包括以下几个方面。

a. 施工设施所需的材料资源。如轨道、枕木、道砟、模板材料、工具式支撑、脚手架材料等。

b. 不同施工方法引起的结构材料消耗的增加量。如采用滑模施工时，要增加水泥消耗用量、提高水泥标号，并增加结构用钢量等。

c. 施工期对其他资源的需要量。如施工期中的耗电、耗水量等。可分别用耗用总量，日（或月）平均耗用量，高峰期用量等来表示。

d. 主要工种工人需要量。可用主要工种工人需要总量、需用期的月平均需要量和高峰期需要量等来表示。

e. 劳动消耗量。可用劳动消耗总量、月平均劳动量、高峰期劳动消耗量等来表示。

（3）工程效果指标。效果指标系反映采用该施工方法后预期达到的效果。

① 工程施工工期。可用总工期、与工期定额相比的节约工期等指标表示。

② 工程效率。可用工程进度的实物量表示，如土方工程、混凝土工程施工方案的工程效率指标可用"m^3/工日"或"m^3/小时"表示；管线工程用"m/工日"或"m/班"表示，钢筋工程、结构安装工程可用"t/工日"或"t 班"表示等。

（4）经济效果指标。

① 成本降低额或降低率。采用该施工方法较其他施工方法的预算成本或施工预算成本的降低额或降低率。

② 材料资源节约额或节约率。采用该施工方法后某材料资源较定额消耗的节约额或节约率。

（5）其他指标。如安全指标、环境指标、绿色施工指标、风险管理指标等未包括在以上两类中的指标，此类指标可以是定量指标，也可以是定性指标。工艺方案不同，评价的侧重点也会不同，关键是要能反映出该方案的特点。

2. 施工组织方案的评价指标

施工组织方案是指组织单位工程以及包括若干单位工程的建筑群体施工方案。如流水作业方法、平行流水、立体交叉作业方法等。评价施工组织方案的指标一般包括以下几个方面。

1）技术性指标

（1）工程特征指标。如建筑面积、主要分部分项工程的工程量等。

（2）施工方案特征的指标。如主要分部分项工程施工方法有关指标或说明等。

2）经济性指标

（1）工程施工成本。大多数情况下,主要用施工直接成本来评价,其主要包括:直接人工费、机械设备使用费、施工设备(轨道、支撑架、模板等)的成本或摊销费、防治施工公害措施及其费用等。工程施工成本可用施工总成本或单位施工成本表示。

（2）主要专用设备耗用量。主要包括设备台数、使用时间等。

（3）主要材料资源耗用量。主要材料资源耗用量指进行施工过程必需的主要材料资源的消耗,构成工程实体的材料消耗一般不包括在内。

（4）劳动消耗量。用总工日数、分时期的总工日数、最高峰工日数、平均月(季)工日数指标表示。

（5）施工均衡性指标。按下式计算:

$$主要工种施工不均衡性系数 = \frac{高峰月工程量}{平均月工程量} \tag{7-1}$$

$$主要材料、设备等资源消耗不均衡性系数 = \frac{高峰月耗用量}{平均月耗用量} \tag{7-2}$$

$$劳动量消耗量的不均衡性系数 = \frac{高峰月耗用量}{平均月耗用量} \tag{7-3}$$

系数的值越大,说明越不均衡。

3）效果指标

（1）工程总工期,用总工期、施工准备工作以及与工期定额或合同工期相比所节约的工期来表示。

（2）工程施工成本节约,用工程施工成本、临时设施工程成本与相应预算成本对比的节约额表示。

4）其他指标

如安全指标、环境指标、绿色施工指标、风险管理指标、机械指标等。

任务 7.2　制定砖混结构单位工程施工技术组织措施

7.2.1　保证工程质量的措施

1. 工程的质量管理目标

合格工程,即符合设计图纸和国家工程质量验收合格标准的工程,即符合设计图纸和国家工程质量验收合格标准要求。

2. 保证工程质量的管理措施

（1）建立项目部质量保证体系。为了达到建设工程的质量目标,成立由工程项目经理为首的质量管理组织机构,并由项目经理具体负责,由项目施工工长、专职材料员、专职质量员、施工班组等各有关方面负责人参加,项目经理是建设工程质量的组织保证。项目质量保证体系如图 7-1 所示。

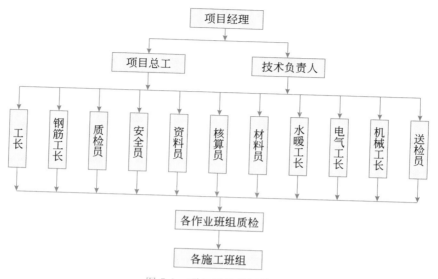

图 7-1 项目质量保证体系

（2）实施 TQC。在本工程中推选全面质量管理（TQC），即全员、全工地、全过程的管理。在施工中组织 QC 小组活动，按照 PDCA 循环的程序，在动态中进行质量控制。

（3）制定质量责任制。在公司现有质量管理文件的基础上，针对工程的具体情况，制订适合本工程的管理人员质量职责和质量责任制，以明确各施工人员的质量职责，做到职责分明、奖罚有道。

（4）明确关键及特殊工序。为保证工程质量，工程对过程实行严格控制。对原材料质量、各施工顺序的过程质量，除了严格按本工程施工组织设计中施工要点和施工注意事项执行外，还需严格按 ISO 9000 质量管理体系的主要文件、本公司《质量保证手册》《质量体系管理程序文件》以及按照工程特点制订的《质量计划》对施工全过程进行控制。关键工序、特殊工序控制人一览表如表 7-2 所示。

表 7-2 关键工序、特殊工序控制人一览表

序号	关键工序名称	控制人	序号	特殊工序名称	控制人
1	闪光对焊	施工工长	1	电焊	工长、技术员
2	电渣压力焊	工长、技术员	2	涂料防水	工长、技术员
3	多孔砖施工	施工工长			
4	混凝土施工	施工工长			
5	屋面防水	工长、技术员			

（5）建立健全完整的质量监控体系。

① 质量监控是确保质量管理措施、技术措施落实的重要手段。工程采用小组自控、项目检控、公司监控的三级网络监控体系。监控采用自检、互检、交接检的三级检查制度，严格把好工程质量关。例如，某工程质量控制要点一览表如表 7-3 所示。

表 7-3 某工程质量控制要点一览表

控制环节		控制要点	主要控制人	参与控制人	主要控制内容	质控依据
一、设计交底与图纸会审	1	图纸文件会审	项目工程师	施工工长钢筋翻样员	图纸资料是否齐全	施工图及设计文件
	2	设计交底会议	项目工程师	施工工长钢筋翻样员	了解设计意图，提出问题	施工图及设计文件
	3	图纸会审	项目工程师	施工工长钢筋翻样员	图纸的完整性、准确性、合法性、可行性、进行图纸会审	施工图及设计文件
二、制定施工工艺文件	4	施工组织设计	项目工程师	施工工长项目质量员	施工组织、施工部署、施工方法	规范、施工图、标准及 ISO 9000 质量体系
	5	施工方案	项目工程师	施工工长项目质量员	施工工艺、施工方法、质量要求	规范、施工图、标准及 ISO 9000 质量体系
三、材料机具准备	6	材料设备需用计划	项目经理	施工工长项目质量员	组织落实材料、设备及时进场	材料预算
四、技术交底	7	技术交底	项目工程师	项目工长	组织关键工序交底	施工图、规范、质量评定标准
五、材料检验	8	材料检验	项目工程师	项目材料员项目资料员	砂石检验，水泥钢材复试，试块试压等	规范、质检标准
六、材料	9	材料进场计划	项目工长	项目材料员	编写材料供应计划	材料预算
	10	材料试验	项目取样员	项目材料员	进场原材料取样	规范标准
	11	材料保管	项目材料员	各班组班长	分类堆放、建立账卡	材料供应计划
	12	材料发放	项目材料员	各班组班长	核对名称规格型号材质	限额领料卡
七、人员资格审查	13	特殊工种上岗	公司工程科	项目资料员	审查各特殊工种上岗证	操作规范、规程
	14	管理人员上岗	项目经理	公司办公室	组建项目部管理班子	操作规范、规程
八、开工报告	15	确认施工条件	项目经理	项目工程师	材料、设备进场	施工准备工作计划

续表

控制环节		控制要点	主要控制人	参与控制人	主要控制内容	质控依据
九、轴线标高	16	基础楼层轴线标高	项目工程师	施工工长项目质量员	轴线标高引侧	图纸、规程
十、设计变更	17	设计变更	项目工程师	施工工长项目资料员	工艺审查,理论验算	图纸、规程
十一、基础工程施工	18	基础验槽	项目工长	项目工程师	地质情况、钎探、基槽尺寸	图纸、规程
	19	砖基础	项目工长	项目质量员	规格、品种、砂浆饱满度、基础平整度、垂直度	图纸、规程、施工组织设计
	20	钢筋制作绑扎	项目工程师项目工长	项目质量员	规格、品种尺寸、焊接质量	图纸、规程、施工组织设计
	21	基础模板	项目工程师项目工长	项目质量员木工翻样员	几何尺寸位置正确、稳定	施工组织设计
	22	混凝土施工	项目工程师项目工长	项目质量员	混凝土配合比、施工缝留设	施工组织设计
十二、主体工程施工	23	砖砌体工程	项目工程师项目工长	项目质量员	规格、品种、砂浆饱满度、墙体平整度、垂直度	图纸、规程、施工组织设计
	24	模板工程	项目工程师项目工长	项目质量员木工翻样员	编制支模方法和组织实施	规程、施工组织设计
	25	钢筋工程	项目工程师项目工长	项目质量员钢筋翻样员	规格、品种尺寸、焊接质量	图纸、规程、施工组织设计
	26	混凝土工程	项目工程师项目工长	项目质量员	准确、解决技术问题	验收规范、施工组织设计
十三、地面装饰屋面门窗工程	27	地面工程	项目工程师项目工长	项目质量员项目资料员	编制施工工艺	图纸、规范、施工组织设计
	28	屋面工程	项目工程师项目工长	项目质量员项目资料员	防水层的施工工艺	图纸、规范、施工组织设计
	29	外墙面	项目工程师项目工长	项目质量员项目资料员	样板处细部做法观感质量	图纸、规范、施工组织设计
	30	门窗工程	项目工程师项目工长	项目质量员项目资料员	安装质量	图纸、规范、施工组织设计

控制环节		控制要点	主要控制人	参与控制人	主要控制内容	质控依据
十四、隐蔽工程	31	分部分项工程	项目工长	项目工长	监督实施	图纸、规范
十五、水电安装	32	略	项目工长 项目质量员	施工工长 项目质量员	略	略
十六、质量评定	33	分部分项、单位工程	项目资料员	施工工长 项目质量员	实施监督评定	评定标准
十七、工程验收交工	34	验收报告资料整理	项目工程师	项目资料员	编制验收报告、审核交工验收资料的准确性	验收标准
	35	办理交工	项目经理	项目工程师	组织验收	施工图、上级文件
十八、用户回访	36	质量回访	项目工程师	项目工长 项目质量员	了解用户意见和建议、落实整改措施	国家文件规定

② 按照 ISO 9000《质量体系控制程序文件》中的"采购""检验和状态"的原则,在材料进场和使用过程中着重把好如下几道关。

进场验收:必须由材料员、项目质量员对所有进场材料的型号、规格、数量外观质量以及质量保证资料进行检查,并按规定抽取样品送检。原材料只有在检验合格后由建设(监理)单位代表批准后方可用于工程上。

材料堆放:材料进场后要按指定地点堆放整齐,标识、标牌齐全,对材料的规格、型号以及质量检验状态标注清楚。

③ 分项工程及工序间的检查与验收。分项工程的每一道工序完成之后,先由班组长及班组兼职质检员进行自检,并填写自检质量评定表,由项目专职质量员组织班组长对其进行复核。

④ 隐蔽工程验收。当每进行一道工序需要对上一道工序进行隐蔽时,由项目工程师负责在班组自检和项目质量员复检的基础上填写隐蔽工程验收单,报请业主代表对其进行验收,只有在业主代表验收通过并在隐蔽工程验收单上签字认可后方可进行下道工序的施工。

⑤ 分部工程的验收。当某分部工程完工后,由项目工程师组织,由项目专职质量员、工长参加,对该分部进行内部检查,并填写分部工程质量评定表报公司工程科,由公司工程科组织对其进行质量核定。

⑥ 工程验收。除项目部和公司科室对项目进行质量监控外,工程在基础分部、主体分部、屋面分部和总体竣工验收等重要环节,由项目经理、公司总工组织,由建设单位、设计单位、质监站等单位参加,根据项目的自评和公司的复核情况,对工程的分部质量进行检查核定。某工程的验收计划如表7-4所示。

表 7-4　某工程的验收计划表

序号	隐蔽工程项目	项目组织人	外部参加单位	计划验收时间
1	基坑验槽	项目工程师	设计单位、业主单位、监理代表	根据网络计划图
2	基础钢筋	项目工程师	业主监理代表	根据网络计划图
3	基础工程	项目经理	业主监理代表、质量站、设计院	根据网络计划图
4	主体结构钢筋	项目工程师	业主监理代表	根据网络计划图
5	主体结构	项目经理	业主监理代表、质量站、设计院	根据网络计划图
6	层面找平	项目工程师	业主监理代表	根据网络计划图
7	屋面防水	项目经理	业主监理代表、质量站	根据网络计划图
8	预埋铁件、预留洞	工长、质量员	业主监理代表	根据网络计划图
9	工程竣工初步验收	项目经理、项目工程师	业主监理代表、质量站、设计院	根据网络计划图
10	工程竣工验收	项目经理、项目工程师	业主监理代表、质量站、设计院、公司总工程师	根据网络计划图

7.2.2　工程质量的技术措施

1. 一般规定

（1）所有工程材料进场都必须具有质保书，水泥、钢材、防水材料均应按规定取样复试，合格后方可使用。材料采购先由技术部门提出质量要求交材料部门，采购中坚持"质量第一"的原则，同种材料以质量优者为选择先决条件，其次才考虑价格因素。

（2）由甲方提供的各项工程材料，同样根据图纸和规范要求向甲方提供材料技术质量要求指标，对进场材料组织验收，符合有关规定后方可采用。

（3）所进材料要提前进场，确保先复试后使用，严禁未经复试的材料或质量不明确的材料用到工程中。

（4）模板质量是保证混凝土质量的重要基础，必须严格控制。

① 所采用的模板质量必须符合相应的质量要求，旧模板使用前一定要认真整理，去除砂浆、残余混凝土，并堆放整齐。

② 模板使用时应注意配套使用，不同规格模板合理结合，以保证构件几何尺寸的正确。

（5）做好工程技术资料的收集与整理工作。按照国家质量验收评定标准以及质监站对工程资料的具体规定执行。根据工程进展情况，做到及时、真实、齐全，工程资料由项目资料员专门负责收集与整理。

2. 主要质量通病的防治

主要质量通病的防治措施如表 7-5 所示。

表 7-5   主要质量通病的防治措施

部　位	质量通病	防　治　措　施
基础工程	轴线偏移较大	1. 严格对照测量方案,严把测量质量关。 2. 用 J-2 光学经纬仪,并用盘左盘右法提高测量精度。 3. 用精密量距法提高主控输线方格网精度。 4. 切实保护主控点不受扰动
	基底持力层受扰	1. 严格进行浇垫层前隐蔽工程验收。 2. 预留挖土厚度,浇混凝土前清底。 3. 及时抽降坑内积水。 4. 认真处理异常土质
主体工程	轴线偏移及较大	1. 对照测量方案,严把测量质量关。 2. 及时将下部轴线引到柱上,并复核好。 3. 对柱、预留孔洞均实施轴线控制,按墨斗线施工。 4. 严控住垂直度和主筋保护层,防止配筋位移
	结构混凝土裂缝	1. 加强商品混凝土质量控制,提供混凝土性能,满足设计和施工现场要求。 2. 切实防止混凝土施工冷缝产生。 3. 严格控制结构钢筋位置和保护层偏差。 4. 做好混凝土二次正道和表面收紧压实,及时进行有效覆盖养护。 5. 严格控制施工堆载,严禁冲击荷载损伤结构。 6. 严格按《混凝土结构工程施工质量验收规范》(GB 50204—2015)进行拆模。当施工效应比使用荷载效应更为不利时,进行核对,采取临时支撑
	结构梁视觉下挠	1. 主次梁支模时均应按规范保持施工起拱。 2. 仔细检查梁底起拱标高数据。
屋面工程	防水渗漏	1. 及时检查混凝土结构有无修好全部孔洞。露筋裂缝达到蓄水无渗漏。 2. 做好防水各道工序,保证施工质量。尤其是节点质量。 3. 做好各道工序成品保护。 4. 做好落水斗等部位的细部处理
门窗工程	门窗四周渗水	1. 处理好节点防水设计。 2. 窗四周应先打发泡剂,后做粉刷面层,提高嵌缝质量。 3. 严格控制窗四周打胶质量
装饰工程	检测和地面脱壳开裂	1. 严格进行基层处理验收制度,包括清理、毛化、湿润。 2. 控制管层粉刷厚度,不得超过 10mm。 3. 严格控制黄砂烟度模数,严格用细砂粉刷。 4. 加强施工后养护和成品保护
水电安装工程	略	略

7.2.3　夏、雨季施工技术措施

1. 夏季施工

（1）夏季施工应加强对混凝土的养护，应由专人负责浇水。

（2）砖要隔夜浇水湿润，已完成的砖砌体和混凝土结构应加强浇水养护。

（3）夏季施工作业时，作业班组施工尽量避开烈日当空酷暑，宜安排早晨或晚间气候条件较适宜时施工。

2. 雨季施工

（1）现场应存放一定数量的草包，以作覆盖用。

（2）混凝土浇捣时，必须事先密切注意天气预报，尽可能避开雨天，若遇不得已情况，必须及时做好防雨措施。对于来不及覆盖而经雨淋的混凝土应及时覆盖，雨停后再用同配合比细砂浆结面。

（3）基坑开挖时应设一定数量的水泵，及时抽水排出场外至厂区下水道内。

（4）基坑施工时应及时挖好，并及时浇筑垫层。如不能及时浇筑垫层，应留置 20cm 土层不挖。

7.2.4　保证工程施工安全的措施

1. 安全管理目标

实行现场标准化管理、实现安全无事故。

2. 确保施工安全的管理措施

（1）建立健全施工现场安全管理体系（见图 7-2），在项目经理的领导下，各有关管理人员参加安全管理保证体系，现场设专职安全员一名，负责监督施工现场和施工过程中的安全，发现安全问题，及时处理解决，杜绝各种隐患。

（2）本着抓生产就必须先抓安全的原则，由项目经理主持制定本项目管理人员的安全责任制和项目安全管理奖罚措施，并将奖罚措施张挂到工地会议室，同时发放到每一个管理人员和操作工人。

（3）由项目经理负责组织安全员、工长和班组长每天进行一次安全大检查，每天由专职安全员带领现场架子工不停地对工地进行巡回检查，对不合格的安全设施、违章指挥的管理人员、违章操作的工人，由安全员及时发出书面整改通知，并落实到责任人，由安全员监督整改。

（4）由项目安全员负责，对每一个新进场的操作工人进行安全教育，并做好安全交底记录，由安全员负责按规定收集整理好项目的安全管理资料。

3. 确保施工安全的技术措施

（1）严格执行公司制定的安全管理方法，加强检查监督。

（2）施工前，应逐级做好安全技术交底，检查安全防护措施。

（3）立体交叉作业时，不得在同一垂直方向上下操作。如必须上下同时进行工作，应设专用的防护栅或隔离措施。

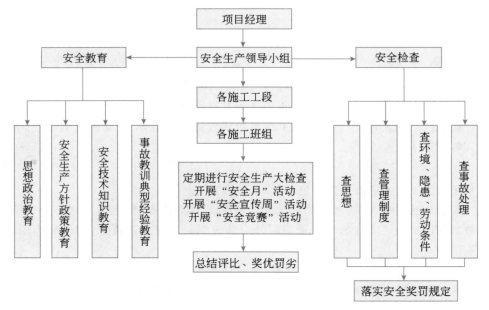

图 7-2 施工现场安全管理体系图

（4）高处作业的走道、通道板和登高用具，应随时清扫干净，废料与余料应集中，并及时清理。

（5）台风暴雨后，应及时采取加设防滑条等措施，并对安全设施与现场设备逐一检查，发现异常情况时，立即采取措施。

4. 高空作业劳动保护

（1）从事高处作业的职工，必须经过专门安全技术教育和身体检查，合格才能上岗，患有高血压、心脏病、癫痫病、眩晕症等不适宜高处作业的人，禁止从事高处作业。

（2）从事高处作业的人员，必须按照作业性质和等级，按规定配备个人防护用品，并正确使用。

（3）在夏季施工时须采取降温与预防中暑措施。

5. 基槽边坡安全防护

（1）基槽四周设置钢管栏杆，并设置醒目标志。

（2）土方堆放必须离开坑边 1m，堆高不超过 1.5m。

6. 脚手架安全要求

（1）搭设脚手架所采用的各种材料均需符合规范规定的质量要求。

（2）脚手架基础必须牢固，满足载荷要求，按施工规范搭设，做好排水措施。

（3）脚手架搭设技术要求应符合有关规范规定。

（4）必须高度重视各种构造措施：剪刀撑、拉结点等均应按要求设置。

（5）水平封闭：应从第二步起，每隔 10m 脚手架均满铺竹笆脚手板，并在立杆与墙面之间每隔一步铺设统长木板。

（6）垂直封闭：二步以上除设防护栏杆外，应全部设安全立网，脚手架搭设应高于建筑物顶端或操作面 1.5m 以上，并加设围护。

（7）搭设完毕的脚手架上的钢管、扣件、脚手板和连接点等不得随意拆除。施工中必要时，必须经工地负责人同意，并采取有效措施，工序完成后，立即恢复。

（8）脚手架使用前，应由工地负责人组织检查验收，验收合格并填写交验单后方可使用，在施工过程中应有专人管理、检查和保修，并定期进行沉降观察，发现异常应采取加固措施。

（9）脚手架拆除时，应先检查与建筑物连接情况，并将脚手架上的存留材料、杂物等清除干净，自上而下，按先装后拆、后装先拆的顺序进行，拆除的材料应统一向下传递或吊运到地面，一步一清。严禁采用踏步拆法，严禁向下抛掷或用推（拉）倒的方法拆除。

（10）搭拆脚手架，应设置警戒区，并派专人警戒。遇有六级以上大风和恶劣气候，应停止脚手架搭拆工作。

7. 防火和防雷设施

（1）建立防火责任制，将消防工作纳入施工管理计划。工地负责人向职工进行安全教育的同时，应进行防火教育。定期开展防火检查，发现火险隐患及时整改。

（2）严禁在建筑脚手架上吸烟或堆放易燃物品。

（3）在脚手架上进行焊接或切割作业时，氧气瓶和乙炔发生器放置在建筑物内，不得放在走道或脚手架上。同时，应先将下面的可燃物移走或采用非燃烧材料的隔板遮盖，配备灭火器材，焊接完成后，及时清理灭绝火种。没有防火措施，不得在脚手架上焊接或切割作业。

7.2.5　降低工程成本的措施

降低工程成本的措施如下。

（1）提高机械设备利用率，降低机械费用开支，管好施工机械，提高其完好率、利用率，充分发挥其效能，不但可以加快工程进度，完成更多的工作量，而且可以减少劳动量，从而降低工程成本。

（2）节约材料消耗，从材料的采购、运输、使用以及竣工后的回收环节，认真采取措施，同时要不断地改进施工技术，加强材料管理，制定合理的材料消耗定额，有计划地、合理地、积极地进行材料的综合利用和修旧利废，这样就能从材料的采购、运输、使用三个环节上节约材料的消耗。

（3）钢筋集中下料，降低钢材损耗率，合理利用钢筋。钢筋竖向接头采用电渣压力埋弧焊连接技术，以节约钢材。

（4）砌筑砂浆、内墙抹灰砂浆用掺加粉煤灰的技术，以节约水泥并提高砂浆的和易性。粉煤灰具体掺入比例根据试验室提供的配合比而定。

（5）土方开挖应严格按土方开挖技术交底进行，避免超挖、增加土方量和混凝土量。合理地调配土方，节约资金。利用挖出的土方做工区场地整平回填，在计划上要安排其就近挖土和填土，减少车辆运输或缩短运距。

（6）加强平面管理、计划管理，合理配料，合理堆放，减少场内二次搬运费用。

（7）对所有材料做好进场、出库记录，并做好日期标识，掌握场内物资数量及质保日期，减少不必要浪费。

7.2.6 现场文明施工的措施

施工现场文明施工执行《建设工程施工现场环境与卫生标准》(JGJ 146—2013)。

1. 管理目标

在施工中贯彻文明施工的要求,推行标准化管理方法,科学组织施工,做好施工现场的各项管理工作。以施工现场标准化工地的各项要求严格加以管理,创文明工地。

2. 文明工地的一般要求

本着管理施工就必须管安全,抓安全就必须从实施标准化现场管理抓起的原则,工程的文明现场管理体系同安全管理体系,所有对安全负有职责的管理人员和操作工人对文明现场的管理也负有相同的职责。

在施工现场的临设布置、机械设备安装和运行、供水、供电、排水、排污等硬件设备的布置上,严格按公司有关规定执行。

为保证环境安静,同时考虑到施工区域在建设单位厂区内,工人宿舍不设在施工现场,工人宿舍安排在公司基地。

按照施工平面图设置各项临时设施,堆放大宗材料、成品、半成品和机具设备,堆放整齐,挂号标牌,不得侵占场内道路及安全防护等设施。

施工现场设置明显的标牌(七牌一图:入场须知牌、工程概况牌、管理人员名单及监督电话牌、消防保卫(防火责任)牌、安全生产牌、文明施工牌、农民工权益告知牌和施工现场平面图),标明工程项目名称、建设单位、设计单位、施工单位、项目经理和施工现场甲方代表的姓名、开工及竣工日期等。施工现场的主要管理人员在施工现场佩戴证明其身份的证卡。

施工现场的用电线路,用电设施的安装和使用必须符合安装规范和安全操作规程,严禁任意拉线接电。施工现场必须设有保证施工安全要求的夜间照明。

施工机械按照施工平面布置图规定的位置和线路设置,不得任意侵占场内道路。

施工场地的各种安全设施和劳动保护器具,必须定期进行检查和维修。

保证施工现场道路畅通,排水系统处于良好的使用状态;保持场容场貌的整洁,随时清理建筑垃圾。

职工生活设施符合卫生、通风、照明等要求。职工的膳食、饮水应当符合卫生要求。

做好施工现场安全保卫工作,现场治安保卫措施:该工程建设要严格按照工地的有关规定,服从业主管理,加强安全治理、防火等管理,进场前应对全体职工进行安全生产、文明施工、防火等管理教育,不得随便进入周围厂区生产场所(车间),保障厂区的正常工作。设专职安全员落实做好防火、防盗、防肇事工作,认真查找隐患,及时解决问题。对门卫经常进行教育,落实防范措施,严格按公司和甲方的有关规定执行,杜绝外来闲散人员进入工地,引导职工团结友爱,互相帮助,杜绝肇事。

监督安全设施,脚手架搭设、临边洞口防护设施规范化施工,制止和纠正进入工地施工人员赤膊、赤脚和不戴安全帽的违章行为,不服从者逐出工地。

严格落实各级文明管理责任制,做到谁管理的范围由谁负责文明施工,谁负责的范围文明存在问题由谁负责,层层分解落实,环环相扣,做到事事有人问。

严格依照《中华人民共和国消防条例》的规定,在施工现场建立和执行防火管理制度,设置符合消防要求的消防设施,并保证完好的备用状态。在容易发生火灾的地区施工或储存、使用易燃易爆器材时,施工单位应当采取特殊的消防安全措施。

遵守国家有关环境保护的法律规定,采取措施控制施工现场的各种粉尘、废气、废水、固体废弃物以及噪声、振动对环境的污染和危害。

采取下列防止环境污染的措施:采用沉淀池处理搅拌机清洗浆水,未经处理不得直接排入厂区排水管网;不在现场熔融沥青或者焚烧油毡、油漆以及其他会产生有害烟尘和恶臭气体的物质;采取有效措施控制施工过程中的扬尘,如覆盖等;厕所设在施工现场西北角污水站附近,以便直接接入厂区污水管网。

任务 7.3　制定框架结构单位工程施工技术组织措施

7.3.1　质量保证体系及控制要点

1. 质量管理目标及承诺

确保工程按照国家验收规范合格:工程质量保证项目 100% 符合设计要求和施工规范规定;技术资料齐全,符合施工规范和验评标准。

2. 质量管理组织机构

(1) 建立经验丰富的质量管理小组,直接抓质量,明确质量管理岗位责任制。配备专职检查小组,树立质量第一的观念,负责制定工程施工的总体计划、方针和产品质量的总目标;监督检查各职能部门有关质量的工作;组织编制管理制度,施工工艺卡、贯彻执行质量标准。

(2) 公司工程部落实人员制定措施,具体负责整个工程质量和质量检查,其职责范围为检查各项质量措施的实施,深入施工现场,以预防为主,认真做好对每道工序的质量复评,督促施工班组做好"自检、互检",认真开展"班组级质量管理活动",参加技术交底、工序交底、质量大检查、质量事故处理,对不按图施工、违反操作规程、违反验收规范的班组和个人,责令停工,并及时进行纠正。

(3) 由公司总工程师办公室主持本工程在各施工阶段的图纸会审和自审制度,对班组进行技术交底;督促班组质量自检、工序互检,参加质量检查,协助质量管理。

(4) 由具有丰富施工实践经验的专职质量员负责施工现场管理工作,对施工质量负直接把关的责任,并负责处理日常一般的质量事故。

(5) 单位工程施工负责人负责整个工程施工的事前管理,贯彻质量规划和各种技术措施,负责主持各道工序的复评工作,负责处理各种质量事故,严格按照施工规范和公司技术标准施工,对各种班组的施工情况进行总结,并及时汇报情况。

(6) 确立各班组长为兼职质量员,加强施工工序和操作规程及验收规范的执行力度,主持本工序质量检查工作,组织本班组内的施工活动,制止违章操作。

(7) 充分发挥广大职工创优积极性和创造性,以经济责任制作为经济杠杆和工作基础,把企业和职工的经济利益同承担的经济责任和实现效果联系在一起,统筹责、权、利三者密切结合的经营管理制度,使广大职工的积极性得以发挥,同时积极开展质量管理教育和 QC 小组活动,把质量管理工作深入每一个职工当中。

3. 施工阶段性质量保证措施

1）施工准备阶段的质量管理

施工前的准备工作很重要,它贯穿工程施工的全过程,施工准备阶段的质量管理直接影响工程质量,其质量控制主要如下。

（1）实行图纸会审制度。图纸是施工的依据,要保证工程的质量必须熟悉图纸,及时组织自审和会审,开好设计交底会议,对有可能影响质量和施工难度的问题尽量预先与设计师沟通,取得共识,为创优创造基础。

（2）分阶段、分部位、分工种编制施工组织设计和施工方案,合理安排施工顺序,工种交接,以免工序搭接不合理而产生质量问题。

（3）材料和半成品的质量验收。保证材料质量是保证工程产品质量的前提,也是保证整个工程质量的关键。要按照设计图纸和规范、规程,使用材料、半成品和设备等分型号分别堆放,并标出标色,各种构件及原材料要有出厂合格证,且按规定进行复试,合格后方可使用。

（4）施工机具、设备仪器的检修和检验。对不符合要求的各类机具仪器,及时做好修理校正。

2）施工过程的质量管理

在施工员的指导下进行控制,各施工班组严格按照规范和公司技术标准进行施工,施工员、质量员对施工过程的质量管理起到全面把关的作用。

（1）做好施工的技术交底和技术复核工作。监督工程是否按照设计图纸、规范和规程施工。

（2）进行工程质量检查和验收。为保证工程质量,坚持质量检查和验收制度,加强对施工过程各个环节的检查,对已完工的分项工程,特别是隐蔽工程,及时进行检查验收,并组织工人参加自检、互检和交接检查。

（3）各次放样后,均经工程负责人、公司技术部门的检查验收和建设方的认可。

（4）轴线控制放样用经纬仪,标高用水准仪测量。

（5）防水工作要抓好屋面防水做法的各个环节。如防水混凝土屋面,外墙与屋面连接点处理等。防水细部做法严格按规范认真仔细地处理。

（6）水、电安装部门与土建密切配合好,做好孔洞预留、预埋工作。

（7）实行模板拆除通知制度,技术负责人根据同条件养护试块强度值填写拆模通知书,否则任何人不得松动和拆模。

（8）加强成品保护教育,贯彻成品保护规定,由专人负责成品保护,加强监督并建立完善的质量管理网络。

3）实行 PDCA 循环管理

（1）运用科学管理方法进行计划。本工程的质量目标为合格。因此,必须按标准对各分项工程进行严格验收。

（2）建立 TQC 全面质量管理体制,在施工过程中进行全面管理,使工程成本、效益、质量的指标达到预期的效果。

（3）在每道工序结束后,及时进行验收。各分项工程的验收由质量检查员负责,主要分部工程包括基础分部、主体分部、装饰分部,质量验收由公司工程部负责。

（4）对不符合要求的分部工程，由技术负责人制定切实可行的处理方案，经监理单位认可后付诸实施，并重新检验工程质量，直至达到预期效果。

4. 质量管理措施

（1）全面提高全体施工人员的质量意识和信念。

（2）加强技术质量管理监控能力，认真学习和执行国家验收规范、规程及上级主管部门颁发的建筑法规、规定及文件，认真学习施工图纸，为确保工程质量打下良好的基础。

（3）加强质量管理的宣传教育力度，使每一个施工操作人员牢固树立"质量第一"思想，推动全面质量管理，层层落实，道道把关，重点抓好施工工艺和工序的质量控制。

（4）择优挑选施工班组，选择技术素质高、能吃苦、信誉好的队伍进行施工，并对操作人员进行技术测试，使他们在竞技中提高质量。

（5）提高人员素质，加强技术培训，经常组织施工员、质量员及有关操作人员进行业务学习，成立由技术人员和操作人员组成的技术质量小组，不定时地研究施工技术及质量保证措施，切实有效地开展 QC 小组活动。

（6）保证机械设备、操作工具的质量，经常检查、保养机械设备、操作工具的质量。

（7）为保证混凝土的质量，尽量采用新模板，并在施工过程中建立模板保养制度。

（8）对图纸错误及难以保证质量的地方，做到及时解决。认真搞好各工种图纸的综合放样，画好钢筋翻样图和模板翻样图。

（9）按照质量目标要求，对每个分项工程事先组织有关人员进行讨论，制定切合实际的操作工艺卡，由施工员对班组在现场进行技术交底，必要时进行一次现场演习。

（10）严格按图纸、施工验收规范、规定、质量检验标准和施工组织设计要求组织施工。

（11）根据各种材料、成品、半成品、试块等试验标准、规范、规定，做好试验工作，及时准确提供试验数据、报告。

（12）认真做好施工工程的定位、轴线与高程的传递与测试、沉降观测等测量工作，确保工程按规划批准的范围建造，按工程图所规定的尺寸、标高建造。

（13）项目部质量员对工程同步进行质量检查、监督，每月组织两次大检查，发现问题及时通知整改，做好技术资料的收集整理和自查工作。

（14）对重点部位进行经常性跟踪检查与督促，定期组织质量大检查，检查中发现的质量问题及时通知施工员进行整改。

（15）及时进行技术复核工作，对重点分项工程进行重点复核。组织好隐蔽工程验收及各道工序前交接检查，上道工序的质量问题未处理好前，决不进行下道工序的施工（见表 7-6 和表 7-7）。

表 7-6　技术复核计划表

复核项目	自复人	技术复核人	依　据
建筑物轴线定位	施工员	技术负责人	总平面图
预埋件、预留孔	土木班长	施工员	施工图
钢筋翻样	钢筋班长	施工员	施工图
砌体轴线、皮数杆	瓦工班长	施工员、质检员	施工图

表 7-7 隐蔽工程验收制度

验收项目	自检、抽检	验收签证
各部位钢筋制作、安装	班组长、施工员、质检员、技术负责人	
各部位模板制作、安装	班组长、施工员	
预埋件、预留孔	班组长、施工员	建设单位、工程师
墙、柱拉结筋	班组长、施工员、质检员	
屋面防水层	施工员、质检员	

（16）装饰工程中的主要部位和量大面广的装饰工序，均应先做样板或样板间，并及时改进样板间质量，制定样板间操作工艺特点。

（17）大量装饰工作开始后，花一定的人力、物力加强成品的保护工作，制定切实有效的成品保护措施，并进行交底，对破坏成品者予以罚款。

5. 质量体系控制措施

质量体系要素是构成质量体系的基本单元。它是工程质量生产和形成的主要因素。质量体系是由若干相互关联、相互作用的基本要素组成的。

项目质量保证体系如图 7-1 所示。

工序质量管理网络图如图 7-3 所示。

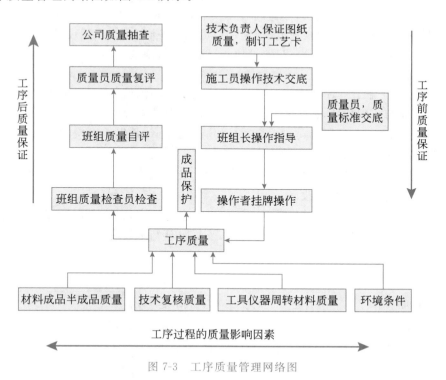

图 7-3 工序质量管理网络图

6. 材料质量保证措施

为了保证工程质量，对材料的采购，在贯彻建设方要求的同时，根据 ISO 9002 质量认证体系及贯标要求,逐一对工程材料供货厂家的材料质量、信誉、供货能力进行评估,以确保采购材料的质量。

1)材料质量控制保证措施

(1)加强材料检查验收,严把材料质量关。用于工程的材料、设备必须符合设计文件和国家有关质量标准的规定,持有与材料、设备相符合的标牌、合格证书或质量检验报告。

(2)工程中所有构件,必须具有厂家批号和出厂合格证方可使用。

(3)凡标志不清或认为质量有问题的材料,对质量保证资料有怀疑或与合同规定不符的一般材料,应进行一定比例试验的材料,应进行追踪检验以控制和保证其质量的材料等均应进行抽检。

(4)进场材料和设备到达施工现场后应保持其原有的外观、内在质量和性能,在运输和中转过程中发生外观质量和性能损坏的材料、设备不得用于工程。

(5)无生产厂名和厂址或牌证不符的设备,不得用于本工程。

(6)进场的材料,包括钢材、水泥、防水、保温材料等,均按有关规定分批抽样进行质量检验,材料质量抽样和检验的方法应符合《建筑材料质量标准与管理规范》,要能反映该批材料的质量性能,对于重要或非匀质的材料,还应酌情增加采样的数量,检验不合的材料不得用于工程。

(7)重视材料的使用认证,以防错用或使用不合格的材料。

(8)对主要装饰材料及建筑配件,在订货前要求厂家提供样品或看样订货,进货时按规范及样品进行验收。

(9)对材料性能、质量标准、适用范围和对施工要求须充分了解,以便慎重选择使用材料。

(10)用于重要结构、部位的材料,使用时必须仔细核对、认证其材料的品种、规格、型号、性能有无错误,是否适合工程特点和满足设计要求。材料认证不合格时,不允许用于工程中。

(11)在现场配制的材料,如砂浆的配合比,先提出试配要求,经试配检验合格后才能使用。

2)材料试验

(1)钢筋:每批钢筋进场,必须有质保书,数量以不超过 60t 为一批,在每批钢筋中任选 2 根钢筋,在距端部 50cm 处各取 1 套(2 根)试样,长 45cm,每套中取 1 根送试验室做拉力试验,另 1 根做冷弯试验,合格后方可用于工程中。

(2)钢筋焊接:焊工必须经考核合格,持证上岗;正式焊接前,应做试焊,并按规定批数抽样送试验室检验,合格后方可用于工程中。

(3)水泥:每批水泥进场时,检查其出厂合格证,并抽样进行安定性试验。每批水泥 28d 后必须要有 28d 强度报告单。

(4)烧结普通砖、空心砖:砖块进场时,检查其有无技术监督局颁发的产品检验合格证,有效期是否与使用期相符,同时进行外观质量检查;抽样进行力学性能试验,对不同部位的设计强度等级及不同批次进场分别抽取,同部位、同批、同设计强度等级的砌块,烧结普通砖按规范进行检测。

(5)砂浆、混凝土试块:按每一工作班留置一组,检查商品混凝土坍落度须不少于两次,标准养护和同条件试块须及时送样。

7. 成品保护措施

1）建立健全成品保护制度

（1）要求经常性地开展职工的成品保护意识教育，做到尊重他人的劳动成果，不得在已完成品或半成品上乱涂、乱画、乱刻。

（2）各分包单位进场施工前做好相互间的移交接收工作，否则不得擅自开工。自接收日起负责对已完成成品和半成品的保护工作。

（3）遵循合理的施工程序，严禁野蛮施工，避免施工不当造成已完成成品的破坏。

（4）各分包单位之间加强联系，多碰头，在进入下道工序之前，通知上道工序施工单位、监理单位、建设单位进行验收，符合要求签字盖章后方可进入下道工序施工。

（5）安装施工计划与装饰施工计划相互协调配合，不得各自为政，杜绝多次开槽，反复修补，破坏成品的不良情况。

2）原材料、成品、半成品的保护措施

（1）进场砂、石料、钢材、砌块应按品种、规格分类堆放，以便按不同工程对象取用，减少不必要的代换使用，以充分发挥经济效益。

（2）散装水泥进场应挂牌，标明水泥进场日期、货源及品种强度等级。

（3）所有木制品库房保管，以免遭受雨雪浸蚀或日光暴晒而造成弯曲、变开。

（4）进场铁件按规格、种类分别堆放整齐，及时做好除锈刷油工作。

3）结构、主体工程产品的保护措施

（1）挖土至设计标高后，加强基坑降、排水工作，以免地基被水浸泡。

（2）在常温条件下，混凝土浇捣达到终凝后，及时派人浇水养护，覆盖草包，不少于14d。

（3）拆模时间应严格按模板操作工艺的有关要求进行，以免人为地造成混凝土结构的损伤，拆模时应谨慎小心，选择适当部位撬动模板，以防损坏混凝土的边角棱面。

4）装修和装饰工程的产品保护措施

（1）在进行装饰工程时，结构上已安装好的钢、木配件和小五金均不得任意碰撞，以免造成错位和损坏。凡能待粉刷结束后安装或进行的装修工程，应尽可能在后期施工，保证装修质量的一次成优和减少不必要的返修工作量。

（2）地面施工后保证有充分的养护期，一般规定在常温条件下，48h以后进行洒水养护，3d内不准让人行走，7d内不准进行有拖拉摩擦和有振动的施工。先做地坪，后做粉刷时，应随时将落地灰清扫回收，以免日后结硬，造成铲除困难，甚至损坏地坪。

（3）水泥抹灰工程，严格仔细地清理抹灰基底，严禁在软底子上做水泥粉刷，以免造成粉刷开裂、脱脚和空鼓。

（4）做好的抹灰面应注意保护，搬动物件和施工时应避免碰撞，特别是线角和边棱处更要当心。楼梯的每级踏步口严禁用器件碰撞和敲打，必要时可采取护角技术措施（如采取钢木条外贴护角）。

（5）所有的内外墙不必要留置的孔洞应在刷浆前一次性修补，修补处与原抹灰面高低平整应一致，然后再施行刷浆工序，以保证抹灰面美观和色泽一致。

（6）安装施工与结构、装修施工交叉作业时，应按照批准的计划安排作业顺序，以杜绝多次开凿、反复修补的不良情况。

8. 技术资料、工程档案管理

1）工程技术资料

（1）质量保证资料：钢材出厂合格证、试验报告；焊接试（检）验报告、焊条（剂）合格证；水泥出厂合格证或试验报告；砂、石试验报告；砖出厂合格证或试验报告；混凝土试块试验报告；砂浆试块试验报告；砂浆、混凝土配比单；地基验槽记录；结构验收记录；混凝土施工日记；钢筋隐检记录；技术复核记录；沉降观测记录。

（2）施工管理资料：工程图纸会审记录；工程定位放线记录；施工组织设计开工、竣工报告；停复工报告；工程设计变更记录；施工日记；质量事故处理报告；技术交底书；工程交工验收证书。

（3）质量检验评定资料：单位工程质量综合评定表；质量保证资料核查表；单位工程观感质量评定表；各分部分项工程质量检验评定表。

（4）严格控制设计变更和材料代用，凡工程变更及材料代用一律由设计院发正式变更通知单及材料代用证明书。

2）管理措施

（1）认真做好技术交底工作，主要技术问题及主要分项工程施工前，应由项目经理、技术负责人会同有关人员组织技术交底并有书面记录。

（2）施工组应有专人组织负责测量，对标高及主要轴线统一由测量小组测设并做标记。土建安装均统一标高、轴线施工，施工中做好各阶段观测记录。

（3）加强对原材料质量的管理工作，对进场的材料、设备及时收集质保书等资料，无质保书或产品合格证及质保书、性能不符合要求的材料不准进场。

（4）加强对混凝土（砂浆）的质量控制及管理，加强对混凝土的坍落度、运输时间及浇捣时的质量控制。按规定现场制作试块，正确养护，并及时送试验室试压。

（5）加强现场质量监督检查工作，施工组成立质量监督小组，以专业检查为主，同时展开自检互检和工序交验工作，特别应加强对技术复核和隐蔽工程验收工作，并做好记录。

（6）随时对各分包的单项工程进行质量检查，及时收集分包单项工程技术资料，统一归档。

（7）以上各项必须按技术档案建档，要求及时填报、审核、签证、收集、整理归档，竣工时，交送建设方及企业工程部存档。

9. 质量保修与回访

（1）工程竣工后，公司要严格按《建设工程质量管理条例》、住房和城乡建设部有关规定进行保修。

（2）在签订《建设工程施工合同》的同时，向建设单位出具质量保修书。

（3）每年定期进行工程质量回访工作，并请建设方在回访单上签署意见，发现工程质量问题，及时进行维修。

（4）工程质量保修，由公司工程部具体负责。

（5）设立工程质量保修电话。

（6）对建设单位任何时间、任何形式提出的质量问题，公司将在接到通知48h内进行处理。由公司工程部立刻调派人员进行踏勘，制定修补方案，再立即组织人员维修。

（7）保修后，由工程部派人员进行质量检查，符合质量标准及要求后，请建设方在保修单上签署保修意见。

（8）特殊情况的质量问题，会同建设方、设计方统一保修方案后再实施。

7.3.2 保证工程进度的措施

1. 组织保证

（1）按公司较成熟的项目法管理体制，实行项目经理责任制，实施项目法施工，对工程行使计划、组织、指挥、协调、实施、监督六项基本职能，并在公司系统内选择成建制的、能打硬仗的、并有施工过大型建筑业绩的施工队伍组成作业层，承担施工任务。

（2）根据建设单位的使用要求及各工序施工周期，科学合理地组织施工，形成各分部分项工程，在时间、空间上充分利用而紧凑搭接，打好交叉作业仗，从而缩短工程的施工工期。

（3）建立施工工期全面质量管理领导小组，针对主要影响工期的工序进行动态管理，实行 PDCA 循环，找出影响工期的原因，决定对策，不断加快工程进度。

（4）选派施工经验丰富、管理能力较强的人员担任工程的项目经理，并直接驻现场抓技术、进度。技术力量和设备由公司统一调配，统一协调指挥现场工作。

（5）选派施工经验丰富、技术力量雄厚的专业作业层参加工程的施工任务。

（6）加强对各专业作业队伍的管理培训、教育工作，有良好思想作风的队伍是提高工程质量、保证工期的关键。

2. 制度保证

建立生产例会制度，利用计算机动态管理实行周滚动计划，每星期至少 1 次工程例会，检查上一次例会以来的计划执行情况，布置下一次例会前的计划安排，对于拖延进度计划要求的工作内容要找出原因，并及时采取有效措施保证计划完成。举行与监理、建设、设计、质监等部门的联席办公会议，及时解决施工中出现的问题。

3. 计划保证

（1）采用施工进度总计划与月、周计划相结合的各级网络计划进行施工进度计划的控制与管理。在施工生产中抓主导工序、找关键矛盾、组织流水交叉、安排合理的施工程序，做好劳动组织调动和协调工作，通过施工网络切点控制目标的实现来保证各控制点工期目标的实现，从而进一步通过各控制点工期目标的实现来确保工期控制进度计划的实现。

（2）倒排施工进度计划，编制总网络进度计划及各子项网络进度计划，月旬滚动计划及每日工作计划，每月工作计划必须 25 号内完成，以确保计划落实。

（3）根据各自的工作，编制更为详尽的层、段施工进度计划，制订旬、月工作计划，以每一个小的层、段为单体进行组织，保证其按计划完成，以层、段等小单体计划的落实组成整体工程计划的顺利完成。

（4）在确定工期总目标的前提下，分项目、分班组、分工种地编制施工组织和方案，并力求工程施工的科学性、规范性、专业性。

（5）在开工前期应组织有关工种班组进行图纸预审工作，认真做好图纸会审方面的准备工作，把差错消灭在施工前，对加快施工进度有相应的作用。

（6）公司各职能科室对该工程的一切问题全力以赴，及时调整不合理因素，并对各专业施工班组落实质量、进度奖罚制度，强调系统性管理和综合管理；施工力量和技术力量由现场项目部统一调度,确保每一个施工组的施工进度,控制在计划工期内竣工。

（7）为保证工期在计划内竣工,实现主体分层,各分部分项工程在时间上、空间上紧密配合。

4. 经济手段保证

（1）实行合理的工期目标奖罚制度,根据工作需要,主要工序采取每日两班制度,即12h一班连续工作,如浇筑混凝土等作业。

（2）整个工程计划目标进行细化,层层落实,实行内部重奖重罚制度,严格执行奖罚兑现,以经济手段保工期。

5. 作风保证

（1）做好施工配合及前期施工准备工作,建立完整的工程档案,及时检查验收。拟定施工准备计划,专人逐项落实,做到人、财、物合理组织,动态调配,做到后勤保障的优质、高效。

（2）发扬公司保持历年来在重大工程建设中体现出来的企业精神、高度的集体荣誉感、责任感,发挥职工最大潜在能力,以优良的作风保工期,强化职工质量意识,各道检验手续严格把关,做到检验一次性通过验收,减少返工造成的工期损失。

6. 装备保证

最大限度地提高机械化施工程度,以精良的技术装备保工期。

7. 准备工作保证

施工前,及时掌握近期天气动态,合理组织部署劳动力和机械设备配置,以确保工程顺利进行。

8. 部署保证

（1）加强现场管理机构计划管理和公司监督管理力度,由项目部编制切实可行的施工进度计划总网络图,根据总进度编制月、旬、周作业计划、材料供应计划、安装配合计划,由项目经理负责检查计划落实情况。

（2）充分合理地调动所有财力、物力、人力的各种积极因素,确保施工作业面获得全面开展。统一安排劳动力,保证现场施工人数,保持连续施工,确保施工计划的完成。

（3）施工过程中项目部要按总体计划和分项计划的要求,明确每天所需的劳动人数、各种材料的进场日期、机械拆装时间及拆装部位等,避免停、窝工等现象。

（4）工程在施工过程中实行承包责任制,职责分明、责任到人,每月实行部位考核以分项工程来控制进度,实行奖罚分明的制度,尤其是基础、主体及装饰阶段必须严格控制,鼓励和督促全体职工为工期目标的实现而更加努力地工作。

（5）施工过程中充分配备、调度好塔吊及周转材料。内装饰除增加劳动力投放外,保证进度的重点放在合理安排、穿插施工上,科学地安排好立体交叉平面流水作业,内部装饰应在主体施工时穿插进行塌饼、护角、冲筋的施工。主体验收后便可开展大面积施工。

（6）及时做好每道工序的复核、验收工作,防止因工程质量造成的返工、停工现象。合理安排雨天、夜间施工。定期检查机械设备运转情况,避免因机械故障造成停工、待工现象,确保工程施工顺利进行。

（7）做好土建与安装之间的配合工作,各专业安装工程负责人应参加现场协调会,每天碰头解决土建与安装之间的协调配合工作,以免影响工程进度。

7.3.3　季节性施工措施

1. 冬期施工措施

(1) 成立由项目经理、技术、质量、安全负责人参加的领导小组,该领导小组指挥协调季节性施工工作,对季节性施工期间的质量进度、安全文明生产负责。

(2) 施工前,对有关人员进行系统专业知识的培训和思想教育,使其增加对有关方面重要性的认识,根据具体施工项目的情况编制季节性施工方案,根据季节性施工项目的需要备齐季节性施工所需物资。

(3) 现场施工用水管道、消防水管接口要用管道保温瓦进行保温,防止冻坏。

(4) 通道要采取防滑措施,要及时清扫通道、马道、爬梯上的霜冻及积雪,防止滑倒出现意外事故。

(5) 冬期风大,物件要做相应固定,防止被风刮倒或吹落伤人,机械设备按操作规程要求,5级风以上时应停止工作。

(6) 冬期施工的工程商品混凝土,应加入适量早强剂、高效减水防冻剂。

(7) 钢筋在负温条件下焊接,应尽量安排在室内进行,如必须在室外焊接,其室外环境温度不低于−15℃,同时应有防风挡雪措施。焊接后的接头应覆盖炉渣或石棉粉,使其温度缓慢冷却。

(8) 冰雪天气钢筋应采取覆盖措施,防止表面结冰瘤,在混凝土浇筑之前应清除钢筋表面的积雪、冰层,钢筋绑扎完毕后应尽快进行下道工序施工。

2. 雨期施工措施

1) 一般措施

(1) 雨期施工前认真组织有关人员分析雨期施工生产计划,根据雨期施工项目编制雨期施工措施,所需材料要在雨期施工前储备好。

(2) 夜间设专职值班人员,保证昼夜有人值班并做好值班记录,同时项目部指定专人负责收听和发布天气情况。

(3) 应做好施工人员的雨期施工培训工作,组织相关人员进行一次全面检查,施工现场的准备工作,包括临时设施、临时用电、机械设备防护等项工作。

(4) 检查施工现场及生产生活基地的排水设施,疏通各种排水渠道,清理雨水排水口,保证雨天排水通畅。

(5) 现场道路两旁设排水沟,保证路面不积水,随时清理现场障碍物,保持现场道路畅通。道路两旁一定范围内不要堆放物品,保证视野开阔,道路畅通。

(6) 检查脚手架,立杆底脚必须设置垫木或混凝土垫块,并加设扫地杆,同时保证排水良好,避免积水浸泡。所有马道、斜梯均应钉防滑条。

(7) 在雨期到来前做好防雷装置,雨期前要对避雷装置做一次全面检查,确保防雷安全。

(8) 针对现场制定合理有效的排水措施,准备好排水机具,保证现场无积水,施工道路畅通。

(9) 维护好现场的运输道路,对现场道路均进行马路硬化,对主要场地,比如砂、石场地、钢筋场地要进行场地硬化，并做好排水处理，使雨水顺利排走，不存积水。

（10）工地使用的各种机械设备，如钢筋对焊机、钢筋弯曲机、卷扬机、混凝土搅拌机等应提前做好防雨措施，搭防护棚，机械安置场地高于自然地坪，并做好场地排水。

（11）为保证雨期施工安全，工地临时用电的各种电线、电缆应随时检查是否漏电，如有漏电应及时处理，各种电缆该埋设的埋设，该架空的架空，不能随地放置，更不能和钢筋及三大工具混在一起，以防电线受潮漏电。

（12）脚手架、井架在雨期施工中做好避雷装置，在施工期间遇雷击，高空作业人员应立即撤离施工现场。

（13）装修期间，排水系统应在雨期前完成，并做完屋面临时防水，同时把雨水管一次安装到底，以便及时排水。

2）原材料储存和堆放

（1）水泥全部存入仓库，保证不漏、不潮，下面应架空通风，四周设排水沟，避免积水，现场可充分利用结构首层堆放材料，砂石料一定要有足够储备，以保证工程的顺利进行，场地四周要有排水出路，防止淤泥渗入，空心砖应在底部用木方垫起，上部用防雨材料覆盖，模板堆放场地应碾平压实，防止因地面下沉造成倒塌事故。

（2）雨期所需材料、设备和其他用品，如水泵、抽水软管、草袋、塑料布、苫布等。材料部门提前准备，及时组织进行，水泵等设备应提前检修，雨期前对现场配电箱、闸箱、电缆临时支架等仔细检查，需加固的及时加固，缺盖、罩、门的及时补齐，确保用电安全。

（3）加强天气预报工作，防止暴雨突然袭击，合理安排每日的工作，现场临时排水管道均要提前疏通，并定期清理。

3）脚手架工程

（1）脚手架等做好避雷工作，接地电缆一定要符合要求。

（2）雨期前对所有脚手架进行全面检查，脚手架立杆底座必须牢固，并加扫地杆，外脚手架要与墙体拉接牢固。

（3）外架基础应随时观察，如有下陷或变形，应立即处理。

其余施工安全保证措施、降低工程成本措施、现场文明是施工措施参考任务 7.2 相应内容。

学习笔记

任务练习

一、单项选择题

1. 建筑业企业必须按照工程设计图纸和施工技术标准施工,不得偷工减料,工程设计的修改由( )负责。

    A. 建设单位   B. 原设计单位   C. 施工技术管理人员   D. 监理单位

2. 在正常使用条件下,房屋建筑工程中屋面防水工程的最低保修期限为( )年。

    A. 10   B. 8   C. 5   D. 3

3. ( )全面负责施工过程的现场管理,他应根据工程规模、技术复杂程度和施工现场的具体情况,建立施工现场管理责任制,并组织实施。

    A. 项目经理   B. 技术人员   C. 总工程师   D. 法人代表

4. 以下各选项说法不正确的是( )。

    A. 堆放大宗材料、成品、半成品和机具设备,不得侵占场内道路及安全防护等设施

    B. 施工机械应当按照施工总平面布置图规定的位置和线路设置,不得任意侵占场内道路

    C. 施工单位应该保证施工现场道路畅通,排水系统处于良好的使用状态,保持场容场貌整洁,随时清理建筑垃圾

    D. 施工现场的主要管理人员在施工现场可以不佩戴证明其身份的证卡

5. 施工成本受多种因素影响而发生变动,作为项目经理应将成本分析的重点放在( )的因素上。

    A. 外部市场经济   B. 业主项目管理

    C. 项目自身特殊   D. 内部经营管理

6. 施工单位应当采取防止环境污染的措施中不包括( )。

    A. 未经处理不得直接排入城市排水设施和河流

    B. 采取有效措施控制施工过程中的扬尘

    C. 不要将含有碎石、碎砖的土用作土方回填

    D. 对产生噪声、振动的施工机械,应采取有效控制措施,减轻噪声扰民

7. 项目经理全面负责施工过程的现场管理,他应根据工程规模、技术复杂程度和施工现场的具体情况建立( ),并组织实施。

    A. 安全管理责任制   B. 质量管理责任制

    C. 施工现场管理责任制   D. 材料质量责任制

8. 质量缺陷,是指房屋建筑工程的质量不符合( )以及合同的约定。

    A. 质量保证体系认证   B. 工程建设强制性标准

    C. 安全标准   D. 质量保修标准

9. 构件跨度大于 2m,小于或等于 8m 的板的底模拆除时,混凝土强度应大于或等于设计的混凝土立方体抗压强度标准值的( )。

    A. 30%   B. 50%   C. 75%   D. 85%

10. 当室外日平均气温连续（　　　）温度低于（　　　）时，即进入冬期施工。

　　A. 3 天，5℃　　　　B. 3 天，0℃　　　C. 5 天，5℃　　　　　　D. 5 天，0℃

二、多项选择题

1. 施工现场必须设置明显的标牌，标明工程项目名称、建设单位、设计单位、施工单位、（　　　）的姓名、开工及竣工日期、施工许可证批准文号等。

　　A. 技术质量负责人　　　　　　　　B. 施工单位技术质量负责人

　　C. 施工现场总代表人　　　　　　　D. 勘察、设计单位工程项目负责人

　　E. 项目经理

2. 建筑业企业必须按照（　　　）对建筑材料、建筑构配件和设备进行检验，不合格的不得使用。

　　A. 工程设计要求　　　　　　　　　B. 施工技术标准

　　C. 合同的约定　　　　　　　　　　D. 监理单位要求

　　E. 业主要求

3. 项目经理全面负责施工过程的现场管理，应根据（　　　）建立施工现场管理责任制，并组织实施。

　　A. 工程规模　　　　　　　　　　　B. 工程投资

　　C. 设备配置　　　　　　　　　　　D. 技术复杂程度

　　E. 施工现场的具体情况

4. 建设单位和施工单位应当在工程质量保修书中约定（　　　）等，必须符合国家有关规定。

　　A. 保修责任人　　　　　　　　　　B. 保修范围

　　C. 保修单位　　　　　　　　　　　D. 保修期限

　　E. 保修责任

5. 总监理工程师组织分部工程质量验收时应参加的人员有（　　　）。

　　A. 施工单位项目负责人　　　　　　B. 施工单位技术、质量负责人

　　C. 具体施工人员　　　　　　　　　D. 勘察、设计单位工程项目负责人

　　E. 上级主管部门的领导

项目 8 编制装配式建筑施工组织设计

知识目标

1. 了解装配式建筑施工组织设计的主要内容。
2. 熟悉装配式建筑施工部署与总体进度安排。
3. 熟悉装配式钢结构建筑施工组织技术要点。
4. 熟悉编制装配式钢结构建筑施工组织设计方法。
5. 掌握装配式建筑施工平面布置方法。

能力目标

能编制装配式建筑施工组织设计。

课程思政

1. 培养精益求精的工匠精神。
2. 培养团队协作的品质。

任务 8.1 编制装配式混凝土建筑施工组织设计

8.1.1 装配式建筑施工组织设计的主要内容

1. 编制说明及依据

编制说明及依据包括依据的文件名称、合同、工程地质勘察报告、经审批的施工图、主要的现行适用的国家和地方规范、标准等。

2. 工程概况

工程概况包括工程建设概况、设计概况、施工范围、构件生产厂及现场条件、工程施工特点及重点难点,应对工程所采用的装配式混凝土剪力墙体系、预制率、构件种类数量、重量及分布进行详细分析,同时针对工程重点、难点提出解决措施。

3. 施工目标

施工目标包括工程的工期、质量、安全生产、文明施工和职业健康安全管理、科技进步和创优目标、服务目标,对各项目标进行内部责任分解。

4. 施工组织与部署

以图表等形式列出项目管理组织机构图并说明项目管理模式、项目管理人员配备及职责分工、项目劳务队安排;概述工程施工区段的划分、施工顺序、施工任务划分、主要施工技术措施等。在施工部署中应明确装配式工程的总体施工流程、预制构件生产运输流程、标准层施工流程等工作部署,充分考虑现浇结构施工与 PC 构件(混凝土预制构件)吊装作业的交叉,明确两者工序穿插顺序,明确作业界面划分。在施工部署过程中还应综合考虑构件数量、吊重、工期等因素,明确起重设备和主要施工方法,尽可能做到区段流水作业,提高工效。

5. 施工准备

施工准备是概述施工准备工作组织及时间安排、技术准备、资源准备、现场准备等。

技术准备包括规范标准准备、图纸会审及构件拆分准备、施工过程设计与开发、检验批的划分、配合比设计、定位桩接收和复核、施工方案编制计划等。

资源准备包括机械设备、劳动力、工程用材、周转材料、PC 构件、试验与计量器具及其他施工设施的需求计划、资源组织等。

现场准备包括现场准备任务安排、现场准备内容的说明,包括七通一平、堆场道路、办公场所完成计划等。

6. 施工进度计划

根据工程工期要求,说明总工期安排、节点工期要求,编制出施工总进度计划、单位工程施工进度计划及阶段进度计划,并具体阐述各级进度计划的保证措施。装配式建筑施工进度计划应综合考虑 PC 构件深化设计及生产运输所需时间,制订构件生产供应计划、预制构件吊装计划。

7. 施工总平面布置

结合工程实际,说明总平面图编制的约束条件,分阶段说明现场平面布置图的内容,并阐述施工现场平面布置管理内容。在施工现场平面布置策划中,除需要考虑生活办公设施、施工便道、堆场等临建布置外,还应根据工程预制构件种类、数量、最大重量、位置等因素结合工程运输条件,设置构件专用堆场及道路;PC 构件堆场设置需满足预制构件堆载重量、堆放数量,结合方便施工、垂直运输设备吊运半径及吊重等条件进行设置,构件运输道路设置应能够满足构件运输车辆载重、转弯半径、车辆交汇等要求。

8. 施工技术方案

根据施工组织与部署中所采取的技术方案,对工程的施工技术进行相应的叙述,并对施工技术的组织措施及其实施、检查改进、实施责任划分进行叙述。

在装配式建筑施工组织设计技术方案中,除包含传统基础施工、现浇结构施工等施工方案外,应对 PC 构件生产方案、运输方案、堆放方案、外防护方案进行详细叙述。

9. 相关措施

相关措施包括质量保证措施、安全生产保证措施、文明施工环境保护措施、季节施工措施、成本控制措施等。

质量管理应根据工程整体质量管理目标制定,在工程施工过程中围绕质量目标对各部门进行分工,制定构件生产、运输、吊装、成品保护等各施工工序的质量管理要点,实施全员质量管理、全过程质量管理。

安全文明施工管理应根据工程整体安全管理目标制定,在工程施工过程中围绕安全文明施工目标对各部门进行分工,明确预制构件制作、运输、吊装施工等不同工序的安全文明施工管理重点,落实安全生产责任制,严格实施安全文明施工管理措施。

8.1.2 装配式建筑施工部署与总体进度安排

1. 装配式混凝土建筑施工工艺流程

装配式混凝土建筑施工工艺流程如图 8-1 所示。

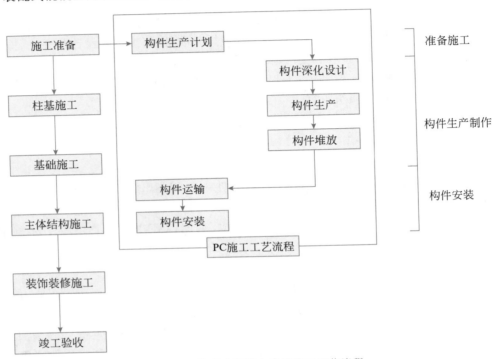

图 8-1 装配式混凝土建筑施工工艺流程

2. 施工准备

施工准备阶段的任务主要为项目施工策划和现场策划,其中必须考虑装配式构件生产准备工作所需时间,包括预制构件深化图制作、水电管线及辅助图纸制作、图纸确认、混凝土配合比设计及完成报告、预制构件模具设计制作、预制构件生产方式及生产计划编制、预制构件吊装及连接节点方式确定等工作。根据项目种类不同,多层、中高层住宅项目施工准备阶段所需时间一般为 2 个月,高层住宅或大型公共建筑施工准备阶段所需时间一般为 3~4 个月。

3. 构件生产制作

1) 深化设计

预制构件深化设计是将各专业需求转换为实际可操作图纸的过程,涉及多专业交叉、多专业协同等问题。深化设计由具有综合各专业能力、有各专业施工经验的施工总承包方来承担,通过施工总承包方的收集、协调,把各专业的信息需求集中反映给构件厂,构件厂根据自身构件制作的工艺需求,将各方需求明确反映在深化图纸中,并与施工总承包方进行协调,尽可能实现一图多用,将各专业需求统筹安排,并把各专业的需求在构架加工中实现。

构件深化设计前,各方需求由施工总承包方进行整合集成,然后交由深化设计单位进行设计,深化设计界面简单明了,同时避免了各方可能存在的矛盾,深化设计集成度显著提高。深化设计中的需求整合工作由具备综合专业能力的总承包单位完成,避免由于深化设计人员专业局限而对各专业的理解出现偏差。深化设计成果由总承包方及设计单位进行审核,可检验是否满足各方需求。预制构件深化设计及图纸确认一般需较长时间,若施工图纸出现变更,则应根据其影响范围适当调整时间。

2) 构件生产堆放

预制构件生产计划需综合考虑构件厂生产能力、生产方式、堆场规模、施工现场堆场布置和构件吊装进度计划等因素进行合理规划。目前,国内预制构件生产方式多采用固定模台生产线和自动化流水生产线,固定模台生产线生产能力为一天 1 个循环周期;自动化流水生产线生产能力为一天 2 个循环周期(24h),即便受到生产条件、设备、人员、气候等特殊因素影响也可满足一天 1.5 个循环周期。综上考虑,从预制构件深化图完成至第一批构件出厂需 40~45 天,其中模具设计制作需 20~25 天,试生产时间 7 天,正式生产至第一批构件出厂需 14 天。预制构件生产计划应尽可能做到均衡生产,做到资源合理利用,提高整体生产效率。

3) 构件安装

装配式施工标准工期为 6 天一层。综合考虑前期装配施工,装配工人安装熟练程度,前 2~3 层装配施工按 7 天一层施工,待装配工人熟悉装配工序后,按 6 天一层施工,如有特殊要求赶工期,可按 5 天一层施工。标准层装配式施工可采用流水施工,提高现场工作人员和施工设备的使用效率,降低施工成本。

8.1.3 装配式建筑施工平面布置

装配式混凝土剪力墙结构建筑施工场地布置时,首先应进行起重机械选型工作,然后根据起重机械布局,规划场内道路,最后根据起重机械以及道路的相对关系确定堆场位置。装配式建筑与传统住宅相比,影响塔式起重机选型的因素有了一定变化。同样,增加的构件吊装工序,使得起重机对施工流水段及施工流向的划分均有影响。

1. 各阶段施工场地分析

(1) 在基础、地下结构和地上现浇层施工阶段,土方工程、现浇混凝土工程施工工作量大,现场需要较多的施工材料堆放场地和临时设施场地。此阶段平面布置的重点既要考虑满足现场施工需要的材料堆场,又要为预制构件吊装作业预留场地,因此不宜在规划的预制构件吊装作业场地设置临时水电管线、钢筋加工场等不易迅速转移场地的临时设施。

(2) 在预制装配层施工阶段,吊装构件堆放场地要以满足 1 天施工需要为宜,同时为以后的装修作业和设备安装预留场地,因此需合理布置塔吊和施工电梯位置,满足预制构件吊装和其他材料运输要求。

(3) 在装修施工和设备安装阶段,有大量的分包单位将进场施工,按照总平面图布置此阶段的设备和材料堆场,按照施工进度计划,材料和设备如期进场是关键。

(4) 根据场地情况及施工流水情况进行塔式起重机布置;考虑群塔作业,限制塔式起重机相互关系与臂长,并尽可能使塔式起重机所承担的吊运作业区域大致相当。

（5）根据最重预制构件重量及其位置进行塔式起重机选型,使得塔式起重机能够满足最重构件起吊要求;根据其余各构件重量、模板重量、混凝土吊斗重量及其与塔式起重机相对关系,对已经选定的塔式起重机进行校验;塔式起重机选型完成后,根据预制构件重量与其安装部位相对关系进行道路布置与堆场布置。由于预制构件运输的特殊性,需对运输道路坡度及转弯半径进行控制,并依照塔式起重机覆盖情况,综合考虑构件堆场布置;预制构件堆场的布置,需对构件排列进行考虑,其原则是:预制构件存放受力状态与安装受力状态一致。

2. 预制构件吊装阶段施工平面布置

（1）在地下室外墙土方回填完后,需尽快完善临时道路和临时水电线路,硬化预制构件堆场。将来需要破碎拆除的临时道路和堆场,可采取能多次周转使用的装配式混凝土路面、场地技术,以节约成本、减少建筑垃圾外运。

（2）施工道路宽度需满足构件运输车辆的双向开行及卸货吊车的支设空间;道路平整度和路面强度需满足吊车吊运大型构件时的承载力要求。

（3）对于21m长的货车,路宽宜为6m,转弯半径宜为20m,可采用200mm厚C30混凝土硬化道路。

（4）构件存放场地的布置宜避开地下车库区域,以免对车库顶板施加过大临时荷载。

（5）墙板、楼面板等重型构件宜靠近塔吊中心存放,阳台板、飘窗板等较轻构件可存放在起吊范围内的较远处。

（6）各类构件宜靠近且平行于临时道路排列,便于构件运输车辆卸货到位和施工中按顺序补货,避免二次倒运。

（7）不同构件堆放区域之间宜设宽度为0.8～1.2m的通道。将预制构件存放位置按构件吊装位置进行划分,用黄色油漆涂刷分隔线,并在各区域标注构件类型,存放构件时一一对应,提高吊装的准确性,便于堆放和吊装。

（8）构件存放宜按照吊装顺序及流水段配套堆放。

8.1.4 装配式建筑施工资源配置

1. 劳动力组织管理

施工项目劳动力组织管理是项目经理部把参加施工项目生产活动的人员作为生产要素,对其所进行的劳动、劳动计划、组织、控制、协调、教育、激励等项工作的总称。其核心是按照施工项目的特点和目标要求,合理地组织、高效率地使用和管理劳动力,并按项目进度的需要不断调整劳动量、劳动力组织及劳动协作关系。

1）吊装作业劳动力组织管理

装配整体式混凝土结构在构件施工中,需要进行大量的吊装作业,吊装作业的效率将直接影响到工程施工的进度,吊装作业的安全将直接影响施工现场的安全文明管理。吊装作业班组一般由班组长、吊装工、测量放线工、司索工等组成。

2）灌浆作业劳动力组织管理

灌浆作业施工由若干班组组成,每组应不少于两人,一人负责注浆作业,一人负责调浆及灌浆溢流孔封堵工作。

3）劳动力组织技能培训

吊装工序施工作业前,应对工人进行专门的吊装作业安全意识培训。构件安装前应对工人进行构件安装专项技术交底,确保构件安装质量一次到位。

灌浆作业施工前,应对工人进行专门的灌浆作业技能培训,模拟现场灌浆施工作业流程,增强灌浆工人的质量意识,提高灌浆工人的业务技能,确保构件灌浆作业的施工质量。

2. 材料、预制构件组织管理

1）材料、预制构件管理内容要求

施工材料、预制构件管理是为顺利完成项目施工任务,从施工准备到项目竣工交付为止所进行的施工材料和构件计划、采购、运输、库存保管、使用、回收等所有的相关管理工作。

（1）根据现场施工所需的数量、构件型号,提前通知供货厂家按照提供的构件生产和进场计划组织好运输车辆,有序地运送到现场。

（2）装配整体式结构采用的灌浆料和套筒等材料的规格、品种、型号和质量必须满足设计有关规范、标准的要求,套筒和灌浆料应提前进场取样送检,避免影响后续施工。

2）预制构件运输方案

大型构件在实际运输之前应踏勘运输路线,确认运输道路的承载力（含桥梁和地下设施）、宽度、转弯半径和穿越桥梁、隧道的净空与架空线路的净高满足运输要求,确认运输机械与电力架空线路的最小距离符合要求,必要时可以进行试运。必须选择平坦坚实的运输道路,必要时“先修路,再运送”。

3. 机械设备组织管理

机械设备组织管理就是对机械设备全过程的管理,即从选购机械设备开始,经过投入使用、磨损、补偿,直至报废退出生产领域为止的全过程的管理。

1）机械设备选型依据

（1）工程的特点:根据工程平面分布、长度、高度、宽度、结构形式等确定设备选型。

（2）工程量:充分考虑建设工程需要加工运输的工程量大小,决定选用的设备型号。

（3）施工项目的施工条件:现场道路条件、周边环境条件、现场平面布置条件等。

2）机械设备选型原则

（1）适应性:施工机械与建设项目的实际情况相适应,即施工机械要适应建设项目的施工条件和作业内容。施工机械的工作容量、生产效率等要与工程进度及工程量相符合,避免因施工机械设备的作业能力不足而延误工期,或因作业能力过大而使机械设备的利用率降低。

（2）高效性:通过对机械功率、技术参数的分析研究,在与项目条件相适应的前提下尽量选用生产效率高的机械设备。

（3）稳定性:选用性能优越稳定、安全可靠、操作简单方便的机械设备。避免因设备不稳定而影响工程项目的正常施工。

（4）经济性:在选择工程施工机械时,必须权衡工程量与机械费用的关系。尽可能选用低能耗、易保养维修的施工机械设备。

（5）安全性:选用的施工机械的各种安全防护装置要齐全、灵敏可靠。此外,在保证施工人员、设备安全的同时,应注意保护自然环境及已有的建筑设施,不致因所采用的施工机械设备及其作业而受到破坏。

3)吊运设备的选型

装配整体式混凝土结构,一般情况下采用的预制构件体型大,人工很难对其加以吊运安装作业,通常需要采用大型机械吊运设备完成构件的吊运安装工作。吊运设备分为移动式汽车起重机和塔式起重机。在实际施工过程中应合理地使用两种吊装设备,使其优缺点互补,以便更好地完成各类构件的装卸运输吊运安装工作,取得最佳的经济效益。

(1)移动式汽车起重机选择。在装配整体式混凝土结构施工中,对于吊运设备的选择,通常会根据设备造价、合同周期、施工现场环境、建筑高度、构件吊运质量等因素综合考虑确定。一般情况下,在低层、多层装配整体式混凝土结构施工中,预制构件的吊运安装作业通常采用移动式汽车起重机,当现场构件需二次倒运时,也可采用移动式汽车起重机。

(2)塔式起重机选择。塔式起重机的选型首先取决于装配整体式混凝土结构的工程规模。如小型多层装配整体式混凝土结构工程,可选择小型的经济型塔式起重机。高层建筑的塔式起重机,宜选择与之相匹配的起重机械,因垂直运输能力直接决定结构施工速度的快慢,要对不同塔式起重机的差价与加快进度的综合经济效益进行比较,合理选择。

塔式起重机应满足吊次的需求。塔式起重机的吊次应根据所选用塔式起重机的技术说明中提供的理论吊次进行计算。计算时可按所选塔式起重机所负责的区域、每月计划完成的楼层数,统计需要塔式起重机完成的垂直运输的实物量,合理计算出每月实际需用吊次,再计算每月塔式起重机的理论吊次(根据每天安排的台班数)。

当理论吊次大于实际需用吊次时即满足要求,当不满足要求时,应采取相应措施,如增加每日的施工班次、增加吊装配合人员。塔式起重机应尽可能地均衡连续作业,提高塔式起重机利用率。

(3)塔式起重机覆盖面的要求。塔式起重机型号决定了塔式起重机的臂长幅度,布置塔式起重机时,塔臂应覆盖堆场构件,避免出现覆盖盲区,减少预制构件的二次搬运。对含有主楼、裙房的高层建筑,塔臂应全面覆盖主体结构部分和堆场构件存放位置,裙楼力求塔臂全部覆盖。

当出现难以解决的楼边覆盖时,可临时租用汽车起重机解决裙房边角垂直运输问题。不能盲目加大塔式起重机型号,应认真进行技术经济比较分析后确定方案。

(4)最大起重能力的要求。在塔式起重机的选型中,应结合塔式起重机的尺寸及起重量荷载特点进行确定,重点考虑工程施工过程中最重的预制构件对塔式起重机吊运能力的要求,应根据其存放的位置、吊运的部位、距塔中心的距离确定该塔式起重机是否具备相应起重能力,确定塔式起重机方案时应留有余地。塔式起重机不满足吊重要求时,必须调整塔形,使其满足要求。

8.1.5　装配式建筑施工进度控制

1. 装配式施工项目总体施工进度控制

1)装配式混凝土项目进度管控的原则和内容

(1)管控原则:装配式混凝土建设项目,应选择 EPC 总承包管理模式,最大限度上协调设计、生产、施工;坚持建筑、结构、机电、装修一体化的技术体系,从根本上提高设计、生产、建造效率。

(2)管控内容:项目进度管控要从进度的事前控制、事中控制、事后控制等方面进行,形成计划、实施、调整(纠偏)的完整循环。

进度的事前控制是要确定工期目标,编制项目实施总进度计划及相应的分阶段(期)计划、相应的施工方案和保障措施。其中重点是施工进度计划。

施工进度计划是施工现场各项施工活动在时间、空间上前后顺序的体现。合理编制施工进度计划必须遵循施工技术程序的规律,根据施工方案和工程开展程序进行组织,这样才能保证各项施工活动的紧密衔接和相互促进,以充分利用资源,确保工程质量。施工进度计划按编制对象的不同可分为施工总进度计划、单位工程进度计划、分阶段工程(或专项工程)进度计划、分部分项工程进度计划四种。施工进度计划编制后应进行工期优化、费用优化和资源优化,再确定最终计划。装配式混凝土工程在进度计划编制中,应重点关注起重设备使用计划和构件进场计划情况,这两项内容应该单独编制细部计划。其中,施工总进度计划、单位工程进度计划最好同时绘制网络图和横道图,方便计划调整和纠偏。

进度的事中控制主要是审核计划进度与实际进度的差异,并进行工程进度的动态管理,即分析进度差异的原因,提出调整的措施和方案,相应调整施工进度计划、资源供应计划。对于装配式混凝土工程,施工中应重点观察起重吊装机械的运行效率、构件安装效率等,并与计划和企业定额进行对比。另外,施工人员应经常与工厂保持联络。若现场条件允许,应保证一定的构件存放量。

进度的事后控制主要是当实际进度与计划进度发生偏差时,在分析原因的基础上应采取措施,包括制定保证总工期不突破的措施;制定总工期突破后的补救措施;调整相应的施工计划,并组织协调相应的配套设施和保障措施。

2)施工现场与设计、构件厂的协调

装配式混凝土结构的现场施工中,预制构件的吊安处在关键线路上,是关键工作。而作为构件吊安的前提,构件的进场必须按计划得到保证。现在的施工项目中,由于构件供应不及时造成工期延误的情况屡有发生,其原因可能是设计、生产、运输、存放等多方面因素,有时甚至是几种因素混合在一起,造成构件不能正常供应,影响施工进度。

设计是构件生产的前提,构件生产是现场吊安的前提。设计方出图时间和出图质量直接影响深化设计与工厂的生产准备,从而影响工程整体进度。所以,装配式混凝土建筑要采用 EPC 总承包模式,统一协调管理,项目得以高效开展。对设计的进度要求一般在项目策划阶段就同工程总进度计划一起予以明确。构件厂、施工现场技术人员应与设计人员紧密联系,必要时应召开协调会。

在工程总进度计划确定之后,施工单位应排出构件吊装计划,并要求构件厂排出构件生产计划。现场施工人员应同构件厂紧密联系,了解构件生产情况,并根据现场场地情况考虑构件存放量。一般而言,施工现场提前 45 天将计划书面通知构件厂为宜。驻厂监造人员应参与构件生产进度的监察和管控。构件厂应制订进度的保证措施和应急预案,包括生产计划、增加资源投入、使用混凝土早强剂、采用特殊养护方式等。

构件进场前,施工单位应与构件厂商定每批构件的具体进场时间及进场次序。构件进场应充分考虑构件运输的限制因素(如所经道路是否限制大型车辆通行、限制的时间、是否限高、转弯半径等），确定场内外行车路线。

2. 工期保证措施

1）管理保证

（1）进度计划编制。依据招标文件要求编排合理的总进度计划。以整个工程为对象，综合考虑各方面的情况，对施工过程做出战略性部署，确定主要施工阶段的开始时间及关键线路、工序，明确施工主攻方向。同时，编制所有施工专业的分部分项工程进度计划，在工序的安排上服从施工总进度计划的要求和规定，时间安排上留有一定余地，确保施工总目标的实现。

（2）进度计划审批。为了确保施工总进度计划的顺利实施，各分包根据分包合同和施工大纲的要求，各自提供确保工期进度的具体执行计划，并经总包审批同意付诸实施。通过对各分包执行审核批准，使施工总进度计划在各个专业系统领域内得到有效的分解和落实。

（3）分级计划控制。在进度计划体制上，实行分级计划控制，分三级进度控制计划编制。工程的进度管理是一个综合的系统工程，涵盖了技术、资源、商务、质量检验、安全检查等多方面，因此根据总控工期、阶段工期和分项工程的工程量制订的各种派生计划，是进度管理的重要组成部分，按照最迟完成或最迟准备的插入时间原则，制订各类派生保证计划，做到施工有条不紊、有章可循。

（4）施工进度监测。总包各专业工程师每天对现场的施工情况进行检查，汇总记录，及时反映施工计划的执行情况。进度监测依照的标准包括工作完成比例、工作持续时间、相应于计划的实物工程量完成比例，用实际完成量的累计百分比与计划的应完成量的累计百分比进行比较。根据对比实际进度与计划进度，采用图表比较法，得出实际进度与计划进度相一致、超前或拖后的情况。

（5）进度计划调整。在进度监测过程中，一旦发现实际进度与计划进度不符，即有偏差时，进度控制人员必须认真寻找产生进度偏差的原因，分析该偏差对后续工作和总工期的影响，及时调整施工计划，并采取必要措施以确保进度目标实现。

2）资源保证

（1）施工人员的保证。相对而言，装配式混凝土结构施工现场所需人工数量少于传统现浇结构，但对工人的素质需求有所提高。特别是关键工序的操作工人（如构件安装、灌浆等），应具备相应的知识和过硬的技能水准。因此，施工现场应保证此类工人相对固定。尤其在农忙和节假日期间，应对现场关键工序操作工人情况详细摸底，必要时重新安排劳动力。要做好工人的培训和交底工作，提高工人素质。

（2）施工机械设备的保证。相对而言，装配式混凝土结构施工现场所需吊装起重设备规格或数量大于传统现浇结构。施工前应做好起重设备的选型和布置，兼顾效率和经济。塔吊顶升和附着要与施工紧密配合，必要时现场或堆场可配备汽车吊等加以辅助。对于一些装配式混凝土结构施工特有的工具，应按需配备并检验。

3）经济保证

（1）预算管理。执行严格的预算管理：施工准备期间，编制项目全过程现金流量表，预测项目的现金流，对资金做到平衡使用，以丰补缺，避免资金的无计划管理。

（2）支出管理。执行专款专用制度：建立专门的工程资金账户，随着工程各阶段控制日期工作的完成，及时支付各专业分包的劳务费用，防止施工中因为资金问题而影响工程的进展,充分保证人工、机械、材料的及时进场。

资金压力分解:在选择分包商、材料供应商时,提出部分支付的条件,向同意部分支付又相对资金雄厚的合格分包商、供应商倾斜。

4)赶工措施

如果关键工做出现延误,应采取必要措施进行赶工。赶工时必须保证质量安全,保证资源供应,协调好场内场外的关系,做好相应的技术措施。对于装配式混凝土工程,应尽量避免夜间起吊安装,如必须夜间起吊安装的,必须保证现场照明。

任务 8.2　编制装配式钢结构建筑施工组织设计

8.2.1　装配式钢结构建筑安装概述

装配式钢结构建筑施工安装内容包括基础施工、钢结构主体结构安装、外围护结构安装、设备管线系统安装、集成式部品安装和内装修。不同的钢结构建筑安装工艺也有所不同。

8.2.2　装配式钢结构建筑施工组织设计技术要点

装配式钢结构建筑施工组织设计技术要点包括以下几点。

1. 起重设备设置

多层建筑、高层建筑一般设置塔式起重机;多层建筑也可用轮式起重机安装;单层工业厂房和低层建筑一般用轮式起重机安装。

工地塔式起重机选用除了考虑钢结构构件重量、高度(有的跨层柱子较高)外,还应考虑其他部品部件的重量、尺寸与形状,如外围护预制混凝土墙板可能会比钢结构构件更重。

钢结构建筑构件较多,配置起重设备的数量一般比混凝土结构工程要多。

2. 吊点与吊具设计

对钢结构部件和其他系统部品部件进行吊点设计或设计复核,进行吊具设计。

钢柱吊点设置在柱顶耳板处,吊点处使用板带绑扎出吊环,然后与吊机的钢丝绳吊索连接。重量大的柱子一般设置 4 个吊点,断面小的柱子可设置 2 个吊点。

钢梁边缘吊点距梁端距离不宜大于梁长的 1/4,吊点处使用板带绑扎出吊环,然后与吊机的钢丝绳吊索连接。长度较大的钢梁一般设置 4 个吊点,长度较小的钢梁可设置 2 个吊点。

3. 部品部件进场验收

确定部品部件进场验收的方法与内容。

对于大型构件,现场检查比较困难,应当把检查环节前置到出厂前进行,现场主要检查运输过程中是否有损坏等。

4. 工地临时存放支撑设计

构件工地临时存放的支撑方式、支撑点位置设计,避免因存放不当导致构件变形。

5. 基础施工要点

基础混凝土施工安装预埋件的准确定位是控制要点,应采用定位模板确保预埋件的位置在允许误差以内。

6. 安装顺序确定

钢结构应根据结构特点选择合理顺序进行安装,并应形成稳定的空间单元。

7. 临时支撑与临时固定措施

有的竖向构件、组合楼板安装需要设置临时支撑,因此要进行临时支撑设计。有的构件安装过程中需要采取临时固定措施,如屋面梁安装后需要等水平支撑安装固定后再最终固定,所以需要临时固定。

8.2.3 装配式钢结构建筑施工安装质量控制要点

施工安装过程质量控制要点包括以下几点。

(1)基础混凝土预埋安装螺栓锚固可靠,位置准确,安装时基础混凝土强度达到了允许安装的设计强度。

(2)保证构件安装标高精度、竖直构件(柱、板)的垂直度和水平构件的平整度符合设计规范要求。

(3)锚栓连接牢固,焊接连接按照设计要求施工。

(4)运输、安装过程的涂层损坏采用可靠的方式补漆,达到设计要求。

(5)焊接节点防腐涂层补漆,达到设计要求。

(6)防火涂料或喷涂符合设计要求。

(7)设备管线系统和内装修系统施工应避免破坏防腐防火涂层等。

学习笔记

任务练习

1. 装配式建筑工程和一般建筑工程施工组织设计有哪些不同之处？

_____

_____

_____

_____

2. 装配式建筑工程施工组织设计中，吊运设备的选型要求有哪些？

_____

_____

_____

_____

项目 9 施工管理中的 BIM 应用

任务 9.1　基于 BIM 技术的施工现场管理

9.1.1　BIM 在施工管理中的应用

近年来,建筑信息建模(Building Information Modeling,BIM)的推广实施速度非常快,上到施工单位、设计院,下到业主对它都略有耳闻。BIM 建模可以大大提高工作效率,同时也可以预防一个建筑项目在规划阶段所发生的潜在冲突。

1. 冲突检测

在施工现场进行合理的场地布置,定位、放线、现场控制网测量、施工道路、管线、临时用水用电设施建设,施工材料的进场及调度安排等都可以一目了然,以保证施工的有序进行。现场管理人员可以用 BIM 为相关人员展示和介绍场地布置、场地规划调整情况、使用情况,从而实现更好的沟通。

2. 进度管理

传统的进度控制方法是基于二维 CAD,存在着设计项目形象性差、网络计划抽象、施工进度计划编制不合理、参与者沟通和衔接不畅等问题,往往导致工程项目施工进度在实际管理过程中与进度计划出现很大偏差。

BIM3D 虚拟可视化技术对建设项目的施工过程进行仿真建模,建立 4D 信息模型的施工冲突分析与管理系统,实时管控施工人员、材料、机械等各项资源的进场时间,避免出现返工、拖延进度现象。

通过建筑模型,直观展现建设项目的进度计划并与实际完成情况对比分析,了解实际施工与进度计划的偏差,合理纠偏并调整进度计划。BIM4D 模型使管理者对变更方案带来的工程量及进度影响一目了然,是进度调整的有力工具。

3. 成本管理

传统的工程造价管理是造价员基于二维图纸手工计算工程量,过程存在很多问题:无法与其他岗位进行协同办公;工程量计算复杂费时,设计变更、签证索赔、材料价格波动等造价数据时刻变化,难以控制;多次性计价很难做到;造价控制环节脱节;各专业之间冲突,项目各方之间缺乏行之有效的沟通协调。这些问题导致采购和施工阶段工程变更大量增加,从而引起高成本返工、工期的延误和索赔等,直接造成了工程造价大幅上升。BIM 技术在建设项目成本管理信息化方面有着传统技术不可比拟的优势,可提高工程量计算工作的效率和准确性,利用 BIM5D 模型结合施工进度可以实现成本管理的精细化和规范化。还可以合理安排资金、人员、材料和机械台班等各项资源使用计划,做好实施过程成本控制,并可有效控制设计变更,将变更导致的造价变化结果直接呈现,有利于确定最佳方案。

此外,应用 BIM 技术可以通过分析建筑物的结构配筋率来减少钢筋的浪费,与无线射频识别(Radio Frequency Identification,RFID)技术结合来加强建筑废物管理,回收建筑现场的可回收材料,减少成本。

4. 质量管理

传统的工作方式下,以平、立、剖三视图的方式表达和展现建筑,容易造成信息割裂。由于缺乏统一的数据模型,易导致大量的有用信息在传递过程中丢失,也会产生数据冗余、无法共享等问题,从而使各单位人员之间难以相互协作。

BIM 具有信息集成整合,可视化和参数化设计的能力,可以减少重复工作和接口的复杂性。

BIM 技术建立单一工程数据源,工程项目各参与方使用的是单一信息源,有效地实现各个专业之间的集成化协同工作,充分提高信息的共享与复用,每一个环节产生的信息能够直接作为下一个环节的工作基础,确保信息的准确性和一致性,为沟通和协作提供底层支撑,实现项目各参与方之间的信息交流和共享。

利用软件服务和云计算技术,构建基于云计算的 BIM 模型,不仅可以提供可视化的BIM3D 模型,也可通过 Web 直接操控模型。使模型不受时间和空间的限制,有效解决不同站点、不同参与方之间通信障碍,以及信息的及时更新和发布等问题。

5. 变更和索赔管理

工程变更对合同价格和合同工期具有很大影响,成功的工程变更管理有助于项目工期和投资目标的实现。BIM 技术通过模型碰撞检查工具尽可能完善设计施工,从源头上减少变更的产生。

将设计变更内容导入建筑信息模型中,模型支持构建几何运算和空间拓扑关系,快速汇总工程变更所引起的相关的工程量变化、造价变化及进度影响就会自动反映出来。

项目管理人员以这些信息为依据,及时调整人员、材料、机械设备的分配,有效控制变更所导致的进度、成本变化。最后,BIM 技术可以完善索赔管理,相应的费用补偿或者工期拖延可以一目了然。

6. 安全管理

许多安全问题在项目的早期设计阶段就已经存在,最有效的处理方法是从设计源头预防和消除。基于该理念,PtD(Prevention through Design)方法即是通过 BIM 模型构件元素的危害分析,提供安全设计的建议,对不能通过设计修改的危险源进行施工现场的安全控制。

应用 BIM 技术对施工现场布局和安全规划进行可视化模拟,可以有效地规避运动中的机具设备与人员的工作空间冲突。

应用 BIM 技术还可以对施工过程自动安全检查,评估各施工区域坠落的风险,在开工前就可以制订安全施工计划,何时、何地、采取何种方式防止建筑安全事故,还可以对建筑物的消防安全疏散进行模拟。

当建筑发生火灾等紧急情况时,将 BIM 与 RFID、无线局域网络、超宽带实时定位系统(Ultra-Wideband Real Time Location Systems,UWBRTLS)等技术结合构建室内紧急导航系统,为救援人员提供复杂建筑中最迅速的救援路线。

7. 供应链管理

BIM 模型中包含建筑物在整个施工、运营过程中需要的所有建筑构件、设备的详细信息,以及项目参与各方在信息共享方面的内在优势,在设计阶段就可以提前开展采购工作,结合 GIS、RFID 等技术有效地实现采购过程的良好供应链管理。

基于 BIM 的建筑供应链信息流模型具有在信息共享方面的优势,有效解决建筑供应链参与各方的不同数据接口间的信息交换问题,电子商务与 BIM 的结合有利于建筑产业化的实现。

8. 运营维护管理

BIM 技术在建筑物使用寿命期间可以有效地进行运营维护管理,BIM 技术具有空间定位和记录数据的能力,将其应用于运营维护管理系统,可以快速准确地定位建筑设备组件。对材料进行可接入性分析,选择可持续性材料,进行预防性维护,制订行之有效的维护计划。

BIM 与 RFID 技术结合,将建筑信息导入资产管理系统,可以有效地进行建筑物的资产管理。BIM 还可以进行空间管理,合理高效地使用建筑物空间。

9.1.2 BIM 软件应用

1. BIM5D 软件

BIM5D 软件以 BIM 三维模型和数据为载体,关联施工过程中的进度、合同、成本、质量、安全、图纸、物料等信息,为项目提供数据支撑,实现有效决策和精细管理,从而达到减少施工变更、缩短工期、控制成本、提升质量的目的。

BIM5D 软件的优势有以下几点。

1）虚拟建造，事前控制

通过 BIM 模型对工程项目事先进行模拟建设，进行各种虚拟环境条件下的分析，提前发现可能出现的问题，提前采取预防措施、事前控制，以达到优化设计、减少返工、节约工期、减少浪费、降低造价的目的。同时，虚拟建造生动形象展示项目投标方案，能够提升中标率（见图9-1）。

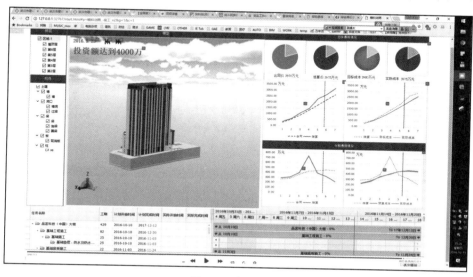

图 9-1　虚拟建造

2）全程跟踪，事中审计

以模型为核心，快捷、直观地分析出当期费用、跟踪审计、进度款支付等，便于掌控整个项目成本和进度，为精准决策提供可靠依据，达到项目预控的目的。BIM 模型就是工程项目的数据中心，有效提高了核心数据的获取效率（见图9-2）。

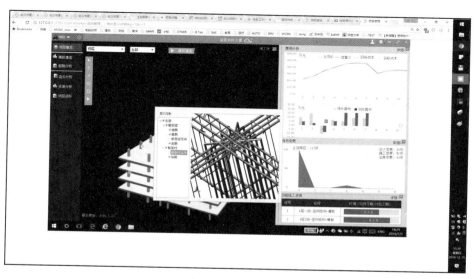

图 9-2　跟踪审计

3）资料管理，事后追溯

现场照片、变更文档等资料与 BIM 模型进行关联，可以快速查看造价变更的依据，并提供各类型的数据报表，对工程量以及主材进行计划与实际核对，有效控制物料和成本（见图 9-3）。

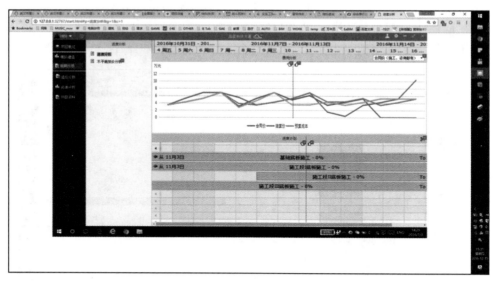

图 9-3　资料管理

4）节约成本，全局掌控

通过 BIM 模型动态展示，体现了每个阶段的成本、进度以及人材机的使用量，让甲方更加直观地了解整个建造过程的资金使用量情况，节约资金的时间成本；准确进行用料分析与费用控制，也为同期物料的采购数量提供准确的数据支持，进而减少材料的浪费；工作面、施工工序多层级进度控制，提高效率，缩短工期（见图 9-4）。

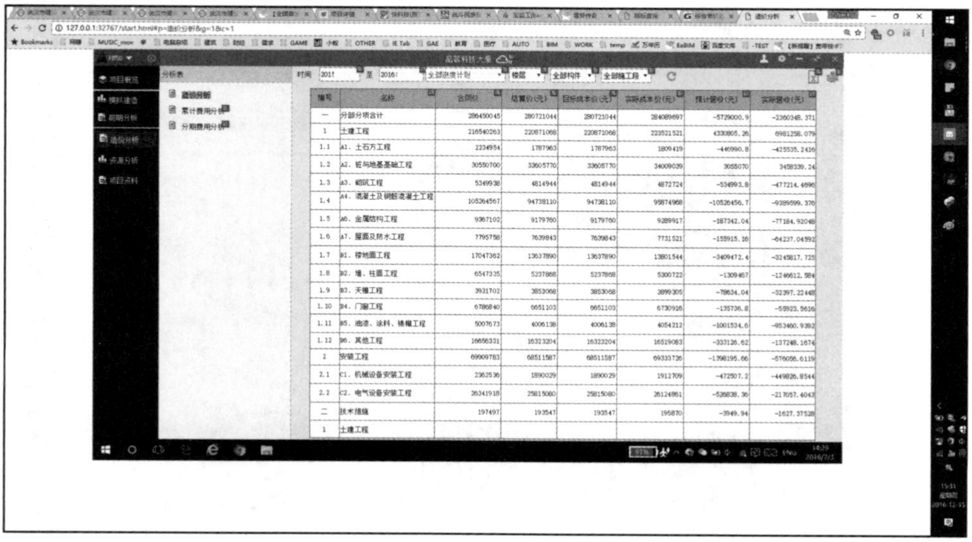

图 9-4　成本分析

2. BIM 模板工程设计软件

BIM 模板工程设计软件是一款可以做方案编制、高支模论证方案、方案可视化审核、模板成本估算的模板设计软件，是国内首款基于 BIM 的模板设计软件，模板工程占了土建成本的 10%～15%，同时也是建筑工程中重大危险之一。基于 BIM 的模板设计软件给控制危险源和降低成本提供了新的技术手段。

软件优势有以下几点。

（1）可视化计算书审核。

（2）自动计算书验算。

（3）智能计算模板工程设计参数、智能识别高支模等，免去记忆各类规范和频繁试算调整的难处。

（4）一键输出施工图纸。可自动输出平面图、剖面图、大样图、整体施工图，如图 9-5 所示。

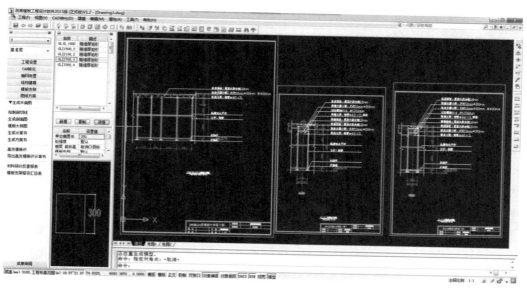

图 9-5　施工图输出

（5）精确的材料用量计算。可按楼层、结构类别统计出混凝土、模板、钢管、方木、扣件、顶托等用量，做到模板分包或自己心中有数。

（6）三维显示设计成果。整栋、整层、任意剖切三维显示在用于投标、专家论证技术展示和三维交底时不再纸上谈兵，如图 9-6 所示。

3. BIM 脚手架工程设计软件

BIM 脚手架工程设计软件是一款可以做落地式脚手架和悬挑脚手架方案可视化审核、悬挑架工字钢智能布置、脚手架成本估算、脚手架方案论证、方案编制的脚手架设计软件。

BIM 脚手架工程设计软件优势有以下几点。

（1）内嵌结构计算引擎，协同规范参数约束条件，实现基于结构模型自动计算脚手架参数，免去频繁试算调整的难处。

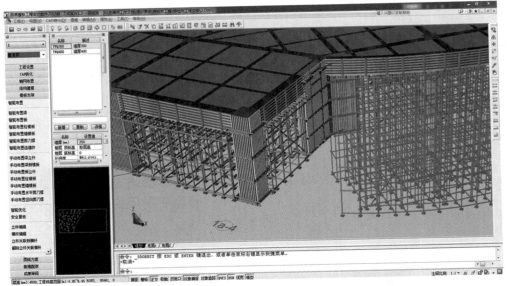

图 9-6　三维交底

（2）产品采用 BIM 理念技术打造，利用其可以出图的技术特点设计了平面图、剖面图、大样图自动生成功能，可以快速输出专业的整体施工图。

（3）具备材料统计功能，可按楼层、结构类别统计出钢管、安全网、扣件、型钢等，支持自动生成统计表，可导出 Excel 格式，便于实际应用。

（4）支持整栋、整层、任意剖面三维显示，通过内置三维显示引擎实现达到照片级的渲染效果，有助于技术交底和细节呈现，如图 9-7 和图 9-8 所示。

（5）快速对不同搭设方案进行最优化选择。

图 9-7　整层三维渲染

图 9-9～图 9-13 是对比图，其中左图为软件三维效果，右图为施工现场照片。

图 9-8　整栋三维渲染

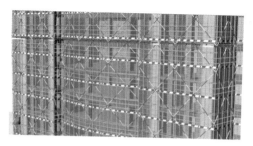

图 9-9　外立面脚手架虚实对比 1

图 9-10　外立面脚手架虚实对比 2

图 9-11　外立面脚手架虚实对比 3

图 9-12　外立面脚手架虚实对比 4

图 9-13　外立面脚手架虚实对比 5

4. BIM 场地布置软件

传统模式下的施工场地布置策划是由编制人员依据现场情况及自己的施工经验指导现场的实际布置。一般在施工前很难分辨其布置方案的优劣,更不能在早期发现布置方案中可能存在的问题,施工现场活动本身是一个动态变化的过程,施工现场对材料、设备、机具等的需求也是随着项目施工的不断推进而变化的。随着项目的进行,很

微课:施工现场
平面布置图

有可能变得不适应项目施工的需求。这样一来,就要重新对场地布置方案进行调整,再次布置必然会需要更多的拆卸、搬运等程序,投入更多的人力物力,进而增加施工成本,降低项目效益,布置不合理的施工场地甚至会产生施工安全问题。所以,随着工程项目的大型化、复杂化,传统、静态、二维的施工场地布置方法已经难以满足实际需要。

应用广联达 BIM 施工现场布置软件可对施工现场的场地进行三维布置。同时,还可与广联达图形软件、广联达梦龙软件等一起导入广联达 BIM5D 软件,对整个项目进行计算机的信息化管理。

1)打开软件

方法一:双击桌面"广联达 BIM 施工现场布置软件"快捷图标 ,启动广联达 BIM 施工现场布置软件,出现如图 9-14 所示的启动界面。

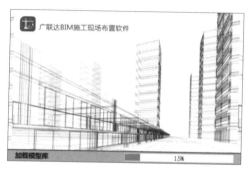

图 9-14 打开软件

方法二:依次单击桌面左下角"Windows 图标"→"程序"→"广联达云施工"→"广联达 BIM 施工现场布置软件 V7.8",即可启动广联达 BIM 施工现场布置软件。

(1) 新建工程。如需新建工程,单击"新建工程"按钮,系统将提示是否导入 CAD 平面图,如图 9-15 所示。

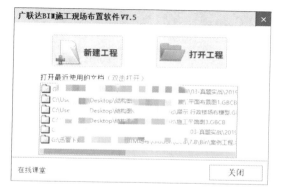

图 9-15 新建工程

如果有 CAD 图纸,则直接单击"确定"按钮,指定一个插入点并单击,系统弹出路径选择对话框,找到对应 CAD 文件的路径,单击"打开"按钮,出现如图 9-16 所示导入成功对话框,单击"确定"按钮即可进入软件绘制界面。

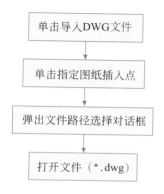

图 9-16 导入 CAD 图纸

（2）打开工程。如果需要打开已经创建好的 BIM 现场布置图，可单击"打开工程"按钮，选择需要打开的文件直接进入绘制界面，如图 9-17 所示。

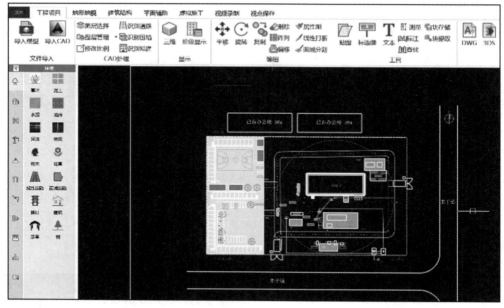

图 9-17　打开工程

2）操作界面介绍

（1）菜单栏。菜单栏内包括文件、工程项目、地形地貌、建筑结构、平面辅助、虚拟施工、视频录制、视点保存等相关操作，也可进行二维、三维的视图转换，如图 9-18 所示。

图 9-18　菜单栏

（2）图元库。"图元库"包括场地布置过程中，需要绘制的各种构件的图元，如图 9-19 所示。绘制时，先选择相应的图元，再到绘图区进行绘制。按照图元类型，大概可以将常见的图元分为以下几类：①地形环境；②围墙、施工大门；③宿舍楼、办公楼；④食堂、仓库、厕所；⑤钢筋加工棚；⑥钢筋堆场；⑦拟建房屋、外脚手架；⑧塔吊、施工电梯；⑨道路、洗车池；⑩临电、消防、七牌一图。

（3）绘图区。界面中间为绘图区，所有需要绘制的构件，均在此区域内完成。

（4）属性区。对所有绘制的构件图元进行修改，均需通过属性栏来完成。

3）模型创建

（1）绘制地形

① 切换到地形地貌页签，单击"平面地形"按钮，设置地表高度后单击确定。

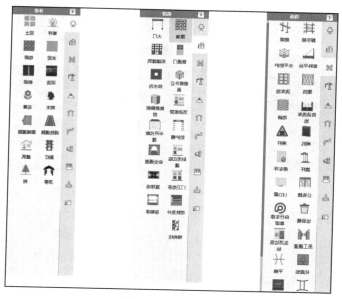

图 9-19　图元库

② 选择绘制方式（矩形绘制）。

③ 在 X 向动态输入框内输入数值，如"100 000"，然后按 Tab 键切换到 Y 向动态输入框，输入数值，如"500 000"，然后按回车键确认，完成绘制（三维查看），如图 9-20 所示。

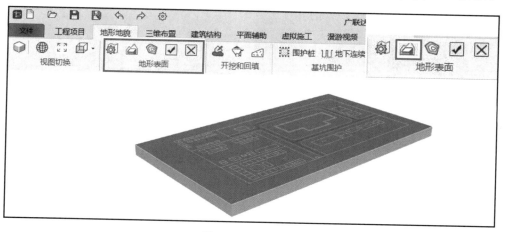

图 9-20　地形绘制

（2）绘制板房

在左侧构建栏中，切换到"临建"（第 2 个）页签，选中构件"活动板房"（第 2 列第 3 个），在绘图区域左键指定第一个端点，向右移动光标，可以看到生成的一间间活动板房，当到指定间数的时候，再次单击指定第二个端点，即可完成"活动板房的绘制"。绘制完成后，单击停靠窗口中的"动态观察"查看任意角度的三维显示效果，如图 9-21 所示。

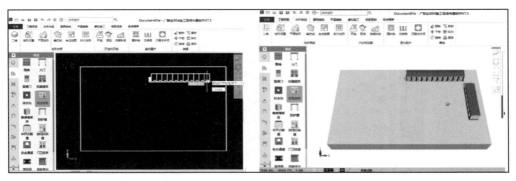

图 9-21　板房绘制

> **注意**
>
> 《建设工程施工现场环境与卫生标准》(JGJ 146—2013)中第 5.1.5 条规定,宿舍内应保证必要的生活空间,室内净高不得小于 2.5m,通道宽度不得小于 0.9m,住宿人员不得小于 2.5m²,每间宿舍居住人员不得超过 16 人。宿舍应有专人负责管理,床头宜设置姓名卡(宿舍内应设置单人铺,层铺的搭设不应超过 2 层)。

（3）绘制围墙

工地必须沿四周连续设置封闭围挡,围挡材料应选用砌体、彩钢板等硬性材料,并做到坚固、稳定整洁和美观,如图 9-22 所示。

图 9-22　现场围挡

绘制围墙的方式有以下两种。

方式一:在左侧构建栏,切换到"临建"(第 2 个)页签,选中构件"围墙"(第 1 列第 1 个),在绘图区单击指定矩形的第一个角点,移动光标绘制矩形,在指定的位置再次单击指定矩形的对角点。当到指定个数的时候,再次单击指定第二个端点,即可完成围墙绘制。绘制完成后,单击停靠窗口中的"动态观察"查看任意角度的三维显示效果,二维和三维之间切换快捷键是 F2,如图 9-23 所示。

方式二:按 ESC 键,选择所有"围墙"线段,单击菜单栏"工程项目"→"识别围墙线",围墙线自动生成,如图 9-24 所示。

对围墙可进行高度、宽度、材质、标高的修改。选中所有围墙单元,在属性栏中修改相应的参数即可,如图 9-25 所示。

通过修改围墙的属性,也可创建"文化墙"。在围墙属性栏中,在"材质选择"中选择"更多",或者插入自己制作的图片。绘制完毕后,单击"动态观察"图标,切换好视角,便可动态显示围墙。

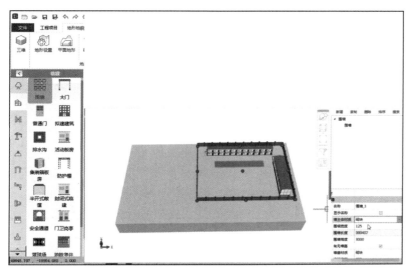

图 9-23 围墙绘制

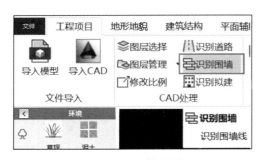

图 9-24 识别围墙线

图 9-25 围墙参数设置

注意

《建筑施工安全检查标准》(JGJ 59—2011)中第 3.2.3 条规定,文明施工保证施工项目的检查评定应符合下列规定:①市区主要路段的工地应设置高度不小于 2.5m 的封闭围挡;②一般路段的工地应设置高度不小于 1.8m 的封闭围挡。

(4)绘制施工大门

在左侧构建栏,切换到"临建"(第 2 个)页签,选中构件"大门"(第 2 列第 1 个),单击绘图区内贴近围墙的位置即可完成大门的布置,并可以对围墙进行扣减。绘制完成后,单击停靠窗口中的"动态观察"查看任意角度的三维显示效果,如图 9-26 所示。

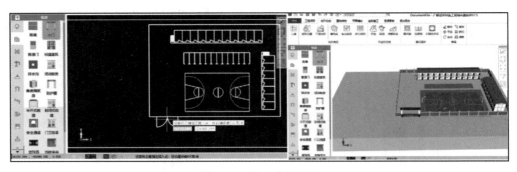

图 9-26　施工大门绘制

单击选中"施工大门"，便可在右侧的属性栏中修改相应的参数，如图 9-27 所示。

双击右侧属性栏"横梁文字"后的空白栏，在弹出的"文字设置"对话框中，可对工地大门横梁文字的颜色、字体、字号对工地大门横梁文字进行修改，如图 9-28 所示。

图 9-27　施工大门参数

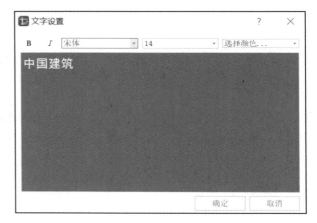

图 9-28　施工大门横梁文字修改

对于工地大门，还可修改其材质，如将材质修改为电动门，大门横梁文字设置为"上海建工集团"，立柱标语为默认标语，修改后的施工大门效果如图 9-29 所示。

> **注意**
>
> 《建设工程施工现场消防安全技术规程》(GB 50720—2011)中第 3.1.3 条规定，施工现场出入口的设置应满足消防车通行的要求，并宜设置在不同方向，其数量不宜少于 2 个。当确有困难只能设置 1 个出入口时，应在施工现场内设置满足消防车通行的环形道路。

《建设工程安全生产管理条例》第三十一条规定，施工单位应当在施工现场建立消防安全责任制度，确定消防安全责任人，制定用火、用电、使用易燃易爆材料等各项消防安全管理制度和操作规程，设置消防通道、消防水源，配备消防设置和灭火器材，并在施工现场入口处设置明显标记。

（5）绘制道路

在左侧构件栏中，切换到"环境"（第 1 个）页签，选中构件"线性道路"（第 1 列第 5 个），

图 9-29 施工大门效果

在绘图区域单击分别指定两个点,即可完成线性道路的绘制。当绘制的两条道路相交时,软件会自动生成路口,如图 9-30 所示。

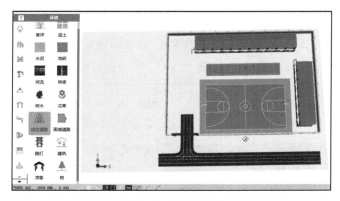

图 9-30 道路绘制

施工运输道路的布置主要解决运输和消防两方面问题,布置的原则是:①当道路无法设置环形道路时,应在道路的末端设置回车场;②道路主线路位置的选择应方便材料及构件的运输及卸料,当不能到达时,应尽可能设置支路线;③道路的宽度应根据现场条件及运输对象、运输流量确定,并满足消防要求;其主干道应设计为双车道,宽度不小于 6m,次要车道为单车道,宽度不小于 4m。

注意

《建设工程施工现场消防安全技术规程》(GB 50720—2011)中第 3.3.2 条规定,临时消防车道的净宽度和净高度均不应小于 4m。

(6)绘制安全体验区

在左侧构件栏中,切换到"安全体验区"(第 6 个)页签,选中需要的构件,在绘图区域单击选择插入点,即可完成布置,如图 9-31 所示。

(7)绘制开挖与放坡

① 切换到地形地貌页签,单击"开挖"按钮,在坡度设置窗体中设置"基底部标高"和"放

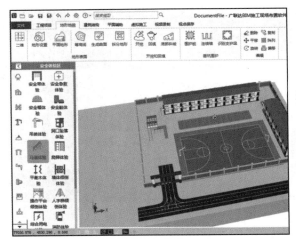

图 9-31　安全体验区绘制

坡角度",单击"确定"按钮,根据需要单击指定两个以上的端点,即可完成开挖的绘制,也可以在下方状态栏中切换绘制方式,通过绘制弧线、矩形、圆形等方式绘制开挖。绘制完成后,单击停靠窗口中的"动态观察"查看任意角度的三维显示效果,在工具栏中单击"二维"按钮可以切换回二维俯视视图,如图 9-32 所示。

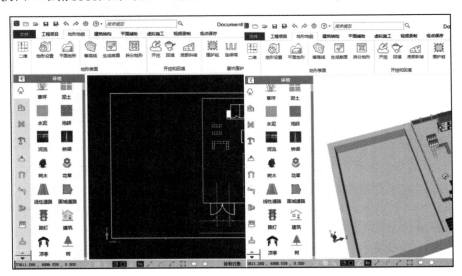

图 9-32　开挖与放坡绘制

② 在左侧构件栏中切换到"几何体"(第 8 个)页签,选中构件"楔形体"(第 1 列第 5 个),由下往上单击指定两个点定出坡道的宽,然后向左移动光标,再单击指定一点定出坡道的长度,这样就完成从右向左放坡的坡道的绘制,如图 9-33 所示。

（8）绘制堆场和加工棚

下面以钢筋堆场和钢筋加工棚为例说明绘制的方法。

① 绘制"直筋堆场"及放置钢筋。

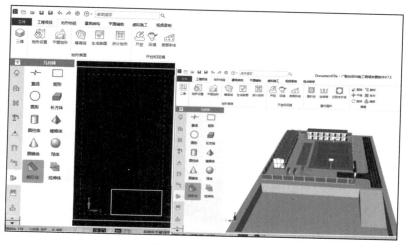

图 9-33　坡道绘制

　　在左侧图元库"材料及构件堆场"中选择"钢筋堆场",切换到二维视图,进行对角点绘制。绘制完堆场后,单击"放置直筋"可将直筋添置到绘制好的堆场中,如图 9-34 所示。

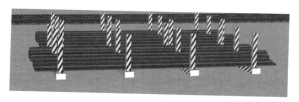

图 9-34　直筋堆场绘制

　　② 绘制"盘圆堆场"及放置盘圆钢筋。

　　盘圆堆场的绘制与直筋堆场的绘制方法相同。盘圆堆场绘制完毕后,单击"放置圆筋"命令,可将圆筋直接添置到绘制好的堆场中,如图 9-35 所示。

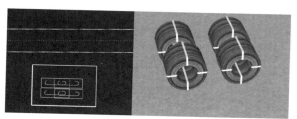

图 9-35　盘圆钢筋堆场绘制

　　(9) 绘制钢筋加工棚

　　在左侧构件栏中,切换到"临建"(第 2 个)页签,选中构件"防护棚"(第 1 列第 5 个),在绘图区域单击绘制矩形区域,即可完成防护棚的绘制,选中防护棚,可在右下角属性栏中修改防护棚的名称、标语图、用途等。

　　钢筋加工棚绘制完毕,可将相关机械放置其中,在左侧构件栏中,单击"机械",选择"钢筋调直机"和"钢筋弯曲机"并置于其中,如图 9-36 所示。

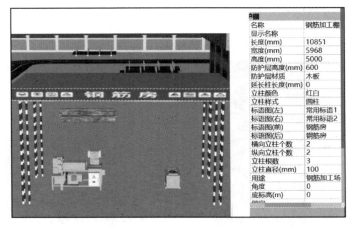

图 9-36　钢筋加工棚绘制

（10）绘制塔吊

在左侧构件栏中，切换到"机械"（第 4 个）页签，选中构件"塔吊"，在绘图区域选择插入点，即可完成布置。选中塔吊，单击选中吊臂端部的夹点，拖动到合适的位置单击，即可修改吊臂的长度和位置，如图 9-37 所示。

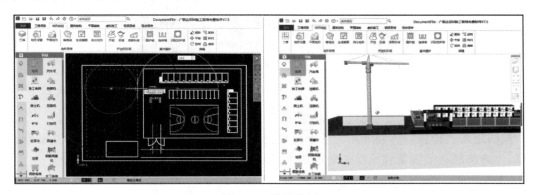

图 9-37　塔吊绘制

（11）绘制挖掘机

在左侧构件栏中，切换到"机械"（第 4 个）页签，选中构件"挖掘机"，在绘图区域选择插入点，即可完成布置，如图 9-38 所示。

（12）路线漫游创建

在工具栏切换到"视频录制"页签，单击"动画设置"按钮，在动画类型中选择"路线漫游"后单击"确定"按钮，在工具栏单击"绘制路线"按钮，然后在绘图区域单击指定端点，完成线路的绘制，如图 9-39 所示。

在工具栏单击"预览"按钮可观看所绘制的路线漫游情况，单击"退出预览"按钮可结束预览。

（13）虚拟施工设置

在工具栏切换到"虚拟施工"页签→选中 X 向板房，然后单击工具栏中"建造"一栏中的

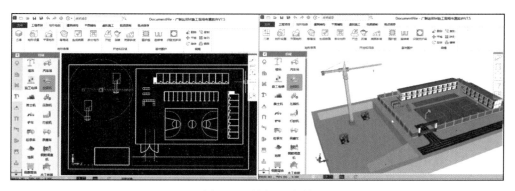

图 9-38 挖掘机绘制

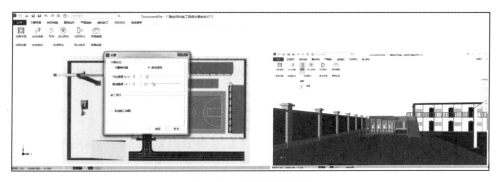

图 9-39 路线漫游创建

"自下而上"按钮,在右下方的动画序列列表中,选中此动画,在上方的动画属性中修改持续天数为5。用同样的方法,给Y向的拟建建筑也设置上动画。选中塔吊,单击工具栏"活动"一栏中的"旋转"按钮,在右下方的动画序列列表中,选中此动画,在上方的动画属性中修改持续天数为5。单击停靠窗口中的"动态观察"按钮,按住鼠标左键转动调整到合理的角度,然后单击工具栏中的"预览"按钮,即可预览设置好的动画效果,如图9-40所示。

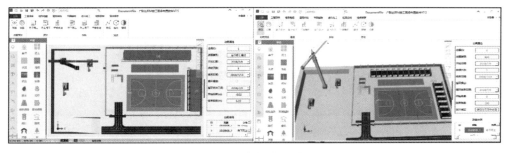

图 9-40 虚拟施工设置

（14）关键帧动画设置

在工具栏切换到"虚拟施工"页签,单击停靠窗口中的"动态观察",然后按住鼠标左键调整到合理的角度。单击左下角带"＋"的按钮,添加关键帧。在下方视频时间轴上向后拖动指针,再次重复上面的步骤调整角度,再次添加关键帧,也可以滚动滚轮对图形进行放大缩小后添加关键帧。单击工具栏中的"预览"按钮，即可预览设置好的关键帧动画效果，如图 9-41 所示。

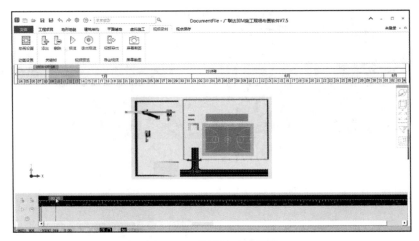

图 9-41　关键帧动画设置

（15）渲染

单击软件最上方的齿轮状的"设置"按钮，切换到"3D 背景设置"页签。在最上方的"天空穹顶风格"中，选择"云彩填充"，单击"确定"按钮查看云彩效果。再次单击"设置"按钮，切换到"3D 背景设置"页签，在最下方的"背景特效"中，分别勾选"启动阴影光照效果"和"启动 SSAO 效果"，在三维视图中查看其显示效果，如图 9-42 所示。

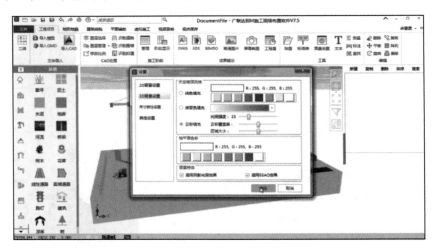

图 9-42　渲染

（16）输出材料统计

单击工具栏切换到"工程项目"页签→单击成果输出栏中的"工程量"按钮，在弹出的窗口下方，单击"导出到 Excel"按钮，指定保存路径，修改文件名称，单击保存，即可完成统计表的导出，如图 9-43 所示。根据保存路径，找到保存的 Excel 文件，即可查看保存后的统计表。

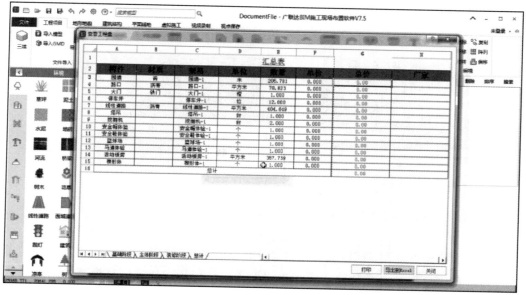

图 9-43　输出材料统计

（17）导出 CAD

单击工具栏切换到"工程项目"页签，单击"成果输出"栏中的"DWG"按钮，提示"导出 DWG/DXF 成功"后，单击"确认"按钮，即可完成 CAD 图的导出，根据保存路径，找到保存的 DWG 文件，打开即可查看保存后的 CAD 图纸，如图 9-44 所示。

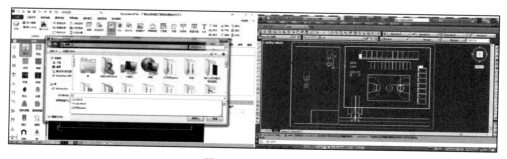

图 9-44　CAD 导出

（18）视点保存

单击工具栏切换到"视点保存"页签，单击"绘制切面"按钮，在弹出的窗口中修改剖切面标高，然后单击"确定"按钮。单击确定一点后，拉框绘制，在指定的位置再次单击任意位置，确定矩形的对角点，即可完成切面的绘制。

在工具栏勾选"隐藏切面"，即可对切面进行隐藏控制，单击停靠窗口中的"动态观察"按钮，按住鼠标左键转动调整到合理的角度，滚动滚轮调整图形大小，均调整完成后，单击工具栏中的"保存视点"按钮，即可保存一个视点。

当图形角度或者大小变化之后，单击右侧视点管理列表中保存的视点，即可快速切到此视点的角度和大小，如图 9-45 所示。

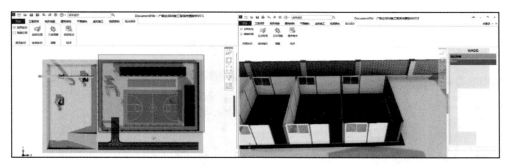

图 9-45　视点保存

9.1.3　BIM＋GIS 技术在施工管理中的应用

建筑工程的任务量大,涉及内容广,信息分析与管理相对复杂。在社会科学技术的不断推动下,BIM＋GIS 技术在建筑施工管理中得到了广泛应用。建筑信息模型和地理信息技术的结合不仅简化了建筑施工的流程,提升了施工效率,还为工程管理工作提供了更加有利的信息与数据支撑,实现了对整个建筑施工的可视化管理。

1. BIM、GIS 技术特征与集成

BIM 功能的实现以 3D 技术为依托,其可通过具有可视功能的数字化虚拟模型的精确建立,呈现出建设工程全寿命周期的各个阶段(包括设计、施工以及运维)的所有信息,从而使项目实体与信息功能实现一体化,有效提升管理效率与管理水平。

GIS 技术即地理信息系统,其以空间信息为运用,通过三维模型信息的集成,针对工程建设,为管理过程提供了有效的存储、管理以及维护手段。

GIS 技术的三维建模功能可以展示工程项目的建筑外观与地理位置,同时在获取、存储、管理海量数据后,可对施工范围的地理空间真实、全面地呈现。对于 BIM 与 GIS 的集成而言,其本质上是工程项目外部宏观信息与内部微观模型的关联与整合,以此实现三维数字模型真正意义上的建立。

在集成过程中,BIM 与 GIS 可以在功能上实现互补,其中 BIM 在空间地理信息分析、地理位置定位与建筑物周边环境整体展示方面缺陷较大,而 GIS 可对建筑物实施高精度定位后对其空间地理信息进行全面分析,并且能完善大场景展示,信息完整性保持良好。但是在建筑物模型方面,GIS 精度相对较低,对建筑物内碰撞检查与工程量计算难以实现,而 BIM 模型中集成了建筑物的性能信息与三维空间信息,对于工程建设全寿命周期内的所有信息可以实现传递、共享以及协同等效果,故而对建筑物内部碰撞检查与工程量计算可以准确实施。

2. BIM＋GIS 技术在施工阶段中的作用

通过 BIM 与 GIS 的有效集成,所建立的综合性管理系统可协助管理人员对建设工程全寿命周期内的所有活动进行有效管理。

施工管理阶段通过 BIM 与 GIS 的集成,可使施工过程的管理任务更具科学依据,从而实现工程项目实施过程稳定性与安全性的提升,为施工任务的顺利开展做好保障措施。与此同时,利用集成系统的4D功能,还可对施工进度、施工质量、施工安全以及施工成本进行更好地把控,尤其是在施工质量与施工安全方面,BIM+GIS集成系统的运用可对施工各环节实现全过程实时监控及预警报警,从本质上规避了违规操作,保证了规范化与标准化施工。

1) 信息管理

现代工程施工过程烦琐且所产生的信息量庞大,如果采用人工方式进行收集、整理和分析,其工作量将会非常巨大,并且容易出错。但是基于BIM+GIS技术的运用,不仅可使信息收集与整理任务的工作效率及准确性得到大幅提升,而且BIM系统还会向GIS系统及时提供其所需信息,而GIS系统在收到信息后便会进行相应处理与分析,及时发现施工过程中存在的问题或权限,管理人员可以此为依据采取措施进行整改,最大限度降低损失。

利用BIM+GIS技术进行施工信息的管理,其过程可分为外部信息与内部信息两种形式,其中外部信息包括国家政策、行业竞争、市场变化(如材料价格的涨落)以及施工环境等;内部信息包括施工方案、施工进度、施工成本、施工质量、施工安全以及施工合同等。对于建筑供应链而言,其与外部信息的交换方式以点对点为主,交换内容较为单一,而与内部信息的交换方式则以多对多点式为主,并且交换内容十分复杂。

在工程施工阶段,信息交换频繁且过程极为复杂,但是运用BIM+GIS技术可以让管理者清晰地认识到施工过程的信息交换情况,从而对施工过程起到监督作用,以此促进工作人员各司其职,施工材料物尽其用,实现施工进度、施工成本、施工质量与施工安全的有效控制。

2) 进度监控

BIM+GIS技术的运用不仅可以动态地反映施工进度,对施工进度进行查询和调整,也可以对施工进度展开监督。这需要将施工材料、施工成本、施工劳动力等数据输入BIM技术中,形成以BIM技术为基础来进行的虚拟施工模型构建。构建虚拟模型后,将虚拟模型与实际施工进度进行比较,以此来对偏差进行分析和对进度预警。施工现场有许多未知的影响因素,有时候设计方案需要根据实时状态来进行调整。而虚拟模型的建立可以观察设计方案与实际状况的差别,进行对比分析、控制和调整,由此来确保施工过程中各个环节的准确性。

同时,当施工进度滞后时,管理者可以运用虚拟模型计算出施工滞后的范围,然后根据施工滞后的范围调节施工方案,组织施工人员加班进行施工,确保设计方案与实际情况差距不大。

BIM+GIS技术可以对工程实施进度进行实时监控,当面对问题时其也可以及时地预警管理者,让管理者及时进行调控,提高建筑施工的效率。

3) 成本监控

在工程项目施工过程中,施工成本作为关键性控制指标,其在BIM+GIS技术的可视化管理下,可使管理者性对材料供应、运输路线、库存数量以及造价信息从三维角度进行全面了解。

在实际建筑施工过程中,每个施工阶段对材料的需求都不同,通过可视化管理可实时了解市场上各种材料的价格变化,做到有效的成本控制。

每个工程或施工阶段结束后都会有资金结算的问题,为了更好地进行结算,可以成立相应的监管机构,在施工的同时运用可视化管理与监管单位一起对施工过程进行监督。对现场信息的了解,极大程度上提高了工作效率和施工能力,降低了建筑施工成本。

对于建筑成本的控制,还可以从建筑方案和图纸设计入手。BIM＋GIS 技术可以建立施工模型,并且通过制图软件快速了解施工外部环境,有效地评估各方面影响因素,以此来促使对建筑方案和设计图纸的优化。

4) 质量与安全监控

一般情况下,现代工程建设规模较大,涉及专业较多,施工过程复杂且难度较高,管理任务的实施需以全面掌握施工现场的具体情况为基础,因此有必要采取措施对工程项目进行实时监控。

基于 BIM＋GIS 技术的建筑工程施工管理系统,其对施工过程的质量与安全可以实现有效监管和实时监控。监控系统主要分为预警系统与报警系统两种形式。在运用 BIM＋GIS 技术实时监控工程项目施工过程时,及时发现可存在的问题与缺陷,并将处理情况全程记录,同时将预警内容与工程 BIM 模型相结合,使施工过程缺陷部位的定位更加准确,从而有效提升预测的精准性。

工程建设过程中,BIM＋GIS 技术的应用可以有效实现施工过程的标准化与精细化管理,全面提升工程建设的综合效益,为现代工程管理模式的趋势所在。但在二者的集成方面,还需在数据集成标准化与工程操作协同化方面加强研究力度,提升 BIM 与 GIS 语义映射的转化精度和规则设计,更好地服务于工程建设任务的发展。

学习笔记

任务练习

一、简答题

（1）BIM 在施工管理中有哪些应用？

（2）BIM5D 软件具有哪些优势？

（3）如何运用 BIM＋GIS 技术实现施工过程的质量安全监控？

二、软件实操题

（1）识读实训楼现场平面布置图（见图9-46），应用BIM场地布置软件创建"实训楼现场平面布置"模型。

① 根据实训楼现场平面布置图，完成图纸中所有构件的绘制，各构件尺寸详见图纸，室外地坪高程为－0.400，图中未注明的尺寸自定。

② 根据施工现场布置图设计原则，补充绘制塔吊。

③ 将最终场地布置模型保存，并命名为"行政楼场地布置模型"。

（2）绘制漫游路径：从大门进入——途经拟建建筑（实训楼）——最后停在生活区；并以最小视频分辨率保存为"实训楼现场平面布置漫游.mp4"。

（3）导出最终"现场平面布置图"，并命名为"2.3实训楼现场平面布置图"。

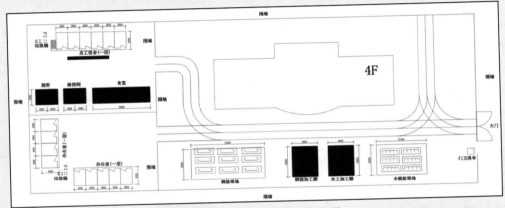

图 9-46　实训楼现场平面布置图

实训楼现场平面布置图

参考文献

［1］王春梅,王健,黄渊. 建筑施工组织与管理［M］. 北京:清华大学出版社,2014.

［2］黄文明. 建筑施工组织［M］. 合肥:合肥工业大学出版社,2010.

［3］肖凯成,王平,柴家付. 建筑施工组织［M］. 3 版. 北京:化学工业出版社,2020.